UMA BREVE VISITA AO UNIVERSO

Título original:
A Brief Welcome to the Universe: A Pocket Sized Tour in

Tradução: Jorge Pereirinha Pires

Revisão: Joaquim E. Oliveira

Capa: FBA

Imagem de capa: © Nicholas Koh / EyeEm / Getty Images

Depósito Legal n.º 499010/22

Biblioteca Nacional de Portugal – Catalogação na Publicação

TYSON, Neil DeGrass, 1958- , e outros

Uma breve visita ao universo / Neil deGrasse Tyson, Michael A. Strauss, J. Richard Gott. – (Universo da ciência)
ISBN 978-972-44-2542-9

I – STRAUSS, Michael A.
II – GOTT, J. Richard, 1947-

CDU 524

Paginação:
MA

Impressão e acabamento:
Papelmunde

para
EDIÇÕES 70
Maio de 2022

EDIÇÕES 70, uma chancela de Edições Almedina, S.A.
LEAP CENTER – Espaço Amoreiras
Rua Fernandes Tomás, 76-80 – 3000-167 Coimbra – Portugal
e-mail: editoras@grupoalmedina.net

NEIL DEGRASSE TYSON
MICHAEL A. STRAUSS
J. RICHARD GOTT

UMA BREVE VISITA AO UNIVERSO

Tradução de Jorge Pereirinha Pires

70

ÍNDICE

NOTA AO LEITOR

Uma Breve Visita ao Universo é a essência da nossa colaboração mais vasta em *Bem-vindos ao Universo: Uma Viagem Astrofísica.* Se esse livro era um banquete cósmico em versão de bufete, este oferece doses de acepipes que se destinam a estimular o vosso apetite por mais.

CAPÍTULO 1

DIMENSÃO E ESCALA DO UNIVERSO

Neil deGrasse Tyson

Começamos pelo sistema solar. Ascender às estrelas. Depois, alcançar a galáxia, o Universo e mais além.

O Universo. É maior do que pensamos. É mais quente do que pensamos. É mais denso do que pensamos. É mais rarefeito do que pensamos. Tudo o que pensamos acerca do Universo é menos exótico do que ele é efetivamente. Dediquemo-nos conjuntamente a alguma maquinação numérica antes de nos pormos a caminho. Comecemos pelo número 1. Já devem ter visto este número. Nele não há zeros. Se escrevermos isto em notação exponencial, ele é 10 elevado à potência de zero, 10^0. O número 1 não tem zeros à direita desse 1, tal como é indicado pelo expoente zero. Passando adiante, o número 10 pode ser escrito como 10 elevado à primeira potência — 10^1. Vamos até mil — 10^3. Qual é o prefixo métrico para mil? *Quilo* — quilograma — mil gramas; quilómetro — mil metros. Subamos agora mais três zeros, até um milhão, 10^6, cujo prefixo é *mega*. Talvez tenha sido esse o número mais alto que aprenderam a contar na época em que inventaram o megafone; se tivessem ouvido falar de mil milhões, juntando-lhe mais três zeros, o que dá 10^9, talvez lhes tivessem chamado «gigafones».

Sabem qual é o tamanho de mil milhões? Que tipos de coisas surgem aos milhares de milhões?

Estamos hoje a aproximar-nos dos oito mil milhões de pessoas no mundo.

E Jeff Bezos, o fundador da Amazon? A sua fortuna ascende a quanto? Mais de cem mil milhões de dólares. Onde é que já se viu cem mil milhões? Bem, na McDonald's: «Mais de 99 mil milhões servidos.» Esse é o número mais elevado que jamais se viu nas nossas ruas. A McDonald's nunca apregoou cem mil milhões, porque só dedicaram duas casas numéricas para a contagem de hambúrgueres, e, por isso, ficaram-se pelos 99 mil milhões. Mais tarde fizeram um truque à Carl Sagan, e agora já dizem: «Milhares de milhões servidos.»

Tomemos cem mil milhões de hambúrgueres e coloquemo-los lado a lado. Comecemos na cidade de Nova Iorque e avancemos para oeste. Chegaremos a Chicago? Claro que sim. Chegaremos à Califórnia? Sim. Arranje-se alguma maneira de os fazer flutuar. Este cálculo considera o diâmetro do pão (dez centímetros), pelo que tudo tem que ver com o pão. Ponhamo-los então a flutuar sobre o oceano, ao longo de uma grande rota circular, e cruzaremos o Pacífico, passando pela Austrália, pelo oceano Índico, por África, e, atravessando o oceano Atlântico, regressaremos finalmente a Nova Iorque. Isso são imensos hambúrgueres. Mas depois de termos contornado a superfície da Terra, ainda nos sobraram alguns. Por isso, voltemos a fazer essa viagem… mais 215 vezes. Depois disso, ainda nos restaram alguns. Como estamos fartos de circum-navegar a Terra, empilhemos os restantes. A que altura chegaremos? Chegaremos à Lua e voltaremos para trás, com hambúrgueres empilhados (cada um tem cinco centímetros de altura) depois de já termos contornado o mundo 216 vezes. Só então teremos usado os nossos cem mil milhões de hambúrgueres. É por isso que as vacas têm medo da McDonald's. Em comparação, a Via Láctea tem cerca de 300 mil milhões de estrelas. Talvez a McDonald's se esteja a preparar para o cosmos.

Quando nós temos 31 anos, 7 meses, 9 horas, 4 minutos e 20 segundos de idade, vivemos o nosso bilionésimo segundo. E eu sou suficientemente totó para ter celebrado esse momento da minha vida com um rápido sorvo de champanhe.

Continuemos. Qual é o próximo passo? Um bilião: 10^{12}. Temos um prefixo métrico para isso: *tera*. Não se consegue contar até um bilião. Se contássemos um número por segundo, isso iria demorar-nos mil vezes 31 anos — 31 000 anos, e eis porque não recomendamos que se faça tal coisa, nem sequer em casa. Há um bilião de segundos, os habitantes das cavernas — os trogloditas — andavam a fazer desenhos nas paredes da sua sala de estar.

No Rose Center of Earth and Space, em Nova Iorque, uma rampa em espiral com a cronologia do Universo começa no *Big Bang* e mostra-nos 13,8 mil milhões de anos. Desenrolada, ela tem o comprimento de um campo de futebol americano. Cada passo que damos abrange 50 milhões de anos. Quando chegamos ao fim da rampa, perguntamos: onde estamos? Qual é a história da nossa espécie? Todo esse período de tempo, de há um bilião de segundos até hoje, desde os habitantes das cavernas que gostavam de fazer grafitos até agora, ocupa apenas a espessura de um único fio de cabelo humano, que nós montámos no final dessa tal cronologia. Pensam que vivemos longas vidas? Pensam que as civilizações duram muito tempo? Não. E muito menos em relação ao próprio cosmos.

O que se segue? 10^{15}. São mil biliões, que têm o prefixo métrico *peta*. Vivem na (e dentro da) Terra entre um e dez mil biliões de formigas, segundo o biólogo de Harvard E. O Wilson.

A seguir vem 10^{18}, um trilião, com o prefixo métrico *exa*. Esse é o número de grãos de areia que se calcula existirem em dez praias grandes.

Subimos mais um fator de mil e chegamos a 10^{21}, mil triliões. Subimos dos quilómetros aos megafones, aos hambúrgueres da McDonald's, aos artistas Cro-Magnon, às formigas, aos grãos de areia nas praias, até finalmente chegarmos aqui: mais de dez sextiliões…

o número de estrelas no Universo observável.

Há pessoas que andam por aí todos os dias a afirmar que estamos sozinhos neste cosmos. Elas não têm simplesmente nenhuma noção dos grandes números, nenhuma noção da dimensão do cosmos. Daqui a pouco, ficaremos a saber mais sobre o que se entende por *Universo observável*, a parte do Universo que nós conseguimos ver.

Enquanto aqui estamos, que tal um número muito maior do que 1 sextilião — 10^{81}? É o número de átomos presentes no Universo observável. Porque haveria de ser preciso alguma vez um número maior do que esse? Que «tipo de coisa» se poderia estar a contar? E que tal 10^{100}, um belo número redondo? Dá-se-lhe o nome de *googol*. Não deve ser confundido com a Google, a empresa da Internet que escreveu mal «*googol*» de propósito.

Não há no Universo objetos suficientes para se contar com um *googol*. É somente um número divertido. Podemos escrevê-lo como 10^{100}, ou, tal como acontece com todos os grandes números, quando não se pode escrever acima da linha, desta maneira também funciona: 10^100. Mas podem continuar a usar-se esses grandes números para algumas situações: não para contar *coisas*; em vez disso, para contar as maneiras como as coisas podem ocorrer. Por exemplo, quantos jogos de xadrez possíveis podem ser jogados? Um jogo pode ser declarado empatado por qualquer um dos jogadores após a terceira repetição de uma posição, ou quando cada um efetuou 50 lances seguidos sem mover um peão ou capturar outra peça, ou quando já não restam peças suficientes para produzir um xeque-mate. Se dissermos que um dos dois jogadores deve declarar um empate quando acontece uma dessas três coisas, podemos então calcular o número de todos os jogos de xadrez possíveis. Rich Gott fê-lo (porque é exatamente o tipo de coisas que ele faz) e descobriu que a resposta era um número menor do que 10^(10^4,4). Isto é bastante mais do que um *googol*, que equivale a 10^(10^2). Mais uma vez, não estamos a contar coisas; estamos a contar as maneiras possíveis de fazer coisas. Desse modo, os números podem tornar-se muito grandes.

Eis um número ainda maior. Se um *googol* é seguido por cem zeros, que tal um 10 à potência de *googol*? Esse também tem um nome: é um *googolplex*. É 1 seguido de *googol* zeros. Pode ao menos escrever-se um tal número? Não. Seriam precisos *googol* zeros, e como um *googol* é maior do que o número de átomos no Universo, tem de ser escrito desta maneira: 10^{googol}, ou $10^{10\wedge 100}$, ou 10^(10^100).

Não estamos apenas a fazer-vos perder tempo. Eis um número maior do que um *googolplex*. Jacob Bekenstein inventou uma fórmula que nos permite calcular o número máximo de diferentes estados quânticos que poderão ter uma massa total e uma dimensão comparáveis à do nosso Universo observável. Dada a indeterminação quântica que observamos, esse seria o número máximo de distintos universos observáveis como o nosso. É 10^(10^124), que tem 10^{24} vezes mais zeros do que um *googolplex*. Esses 10^(10^124) universos variam entre aqueles que são assustadores, e estão sobretudo cheios de buracos negros, e os que são exatamente como o nosso, mas onde falta à nossa narina uma molécula de oxigénio e a narina de um qualquer extraterrestre tem uma a mais.

Um teorema matemático conteve outrora o terrível número 10^(10^(10^34)). Chama-se *número de Skewe*. Ao lado dele, todos os outros se tornam anões.

É chegada a altura de se ter uma noção dos extremos no Universo.

Que tal a densidade? Sabemos intuitivamente o que é a densidade, mas pensemos na densidade no cosmos. Primeiro, exploremos o ar que nos rodeia. Estamos a respirar $2{,}5 \times 10^{19}$ moléculas por centímetro cúbico — 78% de nitrogénio (azoto) e 21% de oxigénio (mais 1% de «outros»). Quando falamos aqui de densidade, estamos a referir-nos ao número de moléculas, átomos ou partículas soltas que compõem o material em questão.

Uma densidade de $2{,}5 \times 10^{19}$ moléculas por centímetro cúbico é provavelmente maior do que pensávamos. E quanto aos nossos melhores laboratórios de vácuo? Estamos a sair-nos muito bem hoje em dia, reduzindo a densidade para cerca de cem moléculas por centímetro cúbico. E quanto ao espaço interplanetário? O vento solar, à distância a que a Terra está do Sol, tem cerca de dez protões por centímetro cúbico. E quanto ao espaço interestelar, entre as estrelas? A sua densidade oscila, dependendo do ponto em que nos situarmos, mas as regiões em que a densidade desce para um átomo por centímetro cúbico não são invulgares. No espaço intergaláctico, esse número é muito menor: um por metro cúbico.

Não conseguimos obter vácuos tão vazios nos nossos melhores laboratórios. Há um velho ditado que diz: «A Natureza tem horror ao vácuo.» Quem o disse nunca saiu da superfície da Terra. Na verdade, a Natureza *adora* o vácuo, porque é isso que a maior parte do Universo é. Quando disseram «Natureza», estavam a referir-se à base deste cobertor de ar a que chamamos a nossa atmosfera, e que efetivamente se apressa a encher todos os espaços vazios sempre que pode.

Esmaguemos um pedaço de giz em bocadinhos contra um quadro negro e peguemos num fragmento. Digamos um estilhaço com cerca de um milímetro de espessura. Imaginemos que isso é um protão. Sabem qual é o mais simples dos átomos? O do hidrogénio. O seu núcleo contém um protão, e o hidrogénio normal tem um eletrão a ocupar um volume de forma esférica que rodeia o protão. Chamamos orbitais a esses volumes. Se o estilhaço de giz é o protão, então que tamanho teria o átomo de hidrogénio inteiro? Cem metros de uma ponta a outra — mais ou menos o tamanho de um campo de futebol americano. Por isso os átomos estão bastante vazios, embora sejam pequenos: cerca de 10^{-10} metros de diâmetro. É um décimo de milésimo de milionésimo de um metro. Só quando baixamos para 10^{-14} ou 10^{-15} é que medimos a dimensão do núcleo. Baixemos para algo mais pequeno. Ainda não sabemos o diâmetro do eletrão. É mais pequeno do que aquilo que somos capazes de medir. No entanto, a teoria das supercordas sugere que poderá haver uma minúscula corda a vibrar com a ínfima extensão de $1{,}6 \times 10^{-35}$ metros. Portanto, a matéria é um excelente repositório para espaço vazio.

Vamos agora na outra direção, subindo para densidades cada vez mais altas. Que tal o Sol? É bastante denso (e extremamente quente) no centro, mas muito menos denso na sua orla. A densidade média do Sol corresponde a cerca de 1,4 vezes à da água. E sabemos qual é a densidade da água — um grama por centímetro cúbico. No seu centro, a densidade do Sol é de 160 gramas por centímetro cúbico. Mas o Sol não se distingue, em nada, nestas matérias. As estrelas podem comportar-se de maneiras espantosas. Algumas expandem-se até se tornarem grandes e bolbosas, com muito baixa densidade, enquanto outras se abatem para se tornarem pequenas e densas. Na verdade, consideremos aquele estilhaço de protão e o solitário espaço vazio que o rodeia. Há processos no Universo que fazem abater a matéria, esmagando-a até já não haver volume vazio entre o núcleo e os eletrões. Nesse estado de existência, a matéria atinge a densidade de um núcleo atómico. No interior dessas estrelas, cada núcleo roça-se nos núcleos vizinhos.

Sucede que os objetos que há por lá com estas propriedades extraordinárias são sobretudo feitos de neutrões — um domínio do Universo com densidade superelevada.

Na nossa profissão, tendemos a designar as coisas exatamente como as vemos. Às grandes estrelas vermelhas chamamos *gigantes vermelhas*. Às pequenas estrelas brancas chamamos *anãs brancas*. Quando as estrelas são feitas de neutrões, chamamos-lhes *estrelas de neutrões*. Às estrelas em que observamos uma pulsação, chamamos-lhes *pulsares*. Na biologia, arranjaram grandes palavras em latim para as coisas. Os médicos passam receitas numa escrita cuneiforme que os pacientes não conseguem entender, e depois estes entregam-nas ao farmacêutico, que compreendem a escrita cuneiforme.

Na bioquímica, a molécula mais popular tem onze sílabas — ácido desoxirribonucleico. Porém, o início de todo o espaço, tempo, matéria e energia que há no cosmos é simplesmente o *Big Bang*. Nós somos pessoas simples, com um léxico monossilábico. O Universo já é bastante difícil, por isso não vale a pena criar grandes palavras que nos criem maior confusão.

Querem mais? No Universo, há lugares onde a gravidade é tão forte que a luz não sai de lá. Se cairmos lá dentro, não conseguimos sair; são o que se chama *buracos negros*. Mais uma vez, com poucas sílabas fazemos o trabalho todo.

Quão densa é uma estrela de neutrões? Enfiemos uma manada de cem milhões de elefantes numa embalagem de batom. Por outras palavras, se puséssemos cem milhões de elefantes numa ponta de um balouço, e uma única embalagem de batom cheia de material de estrelas de neutrões na outra ponta, ficariam em equilíbrio. São coisas bastante densas.

E quanto à temperatura? Falemos de calor. Comecemos pela superfície do Sol. Cerca de seis mil kelvins — 6000 K (uma temperatura em kelvins é igual a essa temperatura em graus celsius mais 273). Isso irá vaporizar qualquer coisa que lhe demos. É por isso que o Sol é gás, porque essa temperatura vaporiza tudo. Em comparação, a temperatura média da superfície da Terra é de uns meros 287 K.

E quanto à temperatura no centro do Sol? Como poderão adivinhar, o centro do Sol é mais quente do que a sua superfície. No núcleo do Sol estão cerca de 15 milhões de K.

Refresquemo-nos. Qual é a temperatura de todo o Universo? Ele tem de facto uma temperatura — a que restou do *Big Bang*. No princípio, há 13,8 mil milhões de anos, todo o espaço, tempo, matéria e energia que podemos ver, a 13,8 mil milhões de anos-luz, estavam amalgamados. (Um ano-luz é a distância que a luz, viajando a 300 000 quilómetros por segundo, consegue percorrer num ano — cerca de dez biliões de quilómetros.) O Universo nascente, um segundo após o seu nascimento, estava quente, a cerca de 10 mil milhões de K, um fervilhante caldeirão de matéria e energia. Desde então, a expansão cósmica arrefeceu o Universo até uns meros 2,7 K.

Presentemente, continuamos a expandir e a arrefecer. Por mais inquietante que isso possa ser, todos os dados mostram que estamos numa viagem sem regresso. Fomos paridos pelo *Big Bang* e vamos continuar a expandir-nos para sempre. A temperatura irá continuar a baixar, acabando por chegar aos 2 K, depois a 1 K, depois a meio kelvin, aproximando-se assintoticamente do zero absoluto. Finalmente, a sua temperatura pode ficar nos cerca de 7×10^{-31} K (ou seja, 0,7 milionésimos de bilionésimos de milésimos de trilionésimos de um grau acima do zero absoluto) devido a um efeito descoberto por Stephen Hawking que iremos discutir no Capítulo 8. Mas esse facto não nos traz qualquer conforto. As estrelas acabarão por fundir todo o seu combustível termonuclear e, uma a uma, começarão a apagar-se, desaparecendo do céu noturno. As nuvens de gás interestelar produzem efetivamente novas estrelas, mas, como é evidente, isso esgota-lhes o fornecimento de gás. Começa-se com gás, produzem-se estrelas, as estrelas envelhecem e deixam para trás um cadáver — os restos mortais da evolução estelar: buracos negros, estrelas de neutrões e anãs brancas. E isso continua até que todas as luzes da galáxia se apaguem, uma a uma. A galáxia fica às escuras. O Universo fica às escuras. O que vai deixar buracos negros que emitem apenas uma ténue cintilação de luz — mais uma vez prevista por Stephen Hawking.

E é assim que o cosmos acaba. Não em fogo, mas em gelo. E não com um estrondo, mas com um queixume.

Tenham um bom dia! E sejam bem-vindos ao Universo.

CAPÍTULO 2

O LUGAR DE PLUTÃO NO SISTEMA SOLAR

Neil deGrasse Tyson

O Rose Center do Museu Americano de História Natural, em Nova Iorque, de que fui diretor, contém uma esfera de 26,5 metros de diâmetro dentro de um cubo de vidro. Essa esfera alberga na sua metade superior a cúpula do Planetário Hayden e, no seu ventre, uma encenação do *Big Bang*. O percurso enfatiza a ideia de que o Universo adora esferas, reconhecendo que as leis da física conspiram para tornar as coisas redondas, desde as estrelas aos planetas e aos átomos. Começando com uma estrutura arquitetónica que é redonda, fizemo-la funcionar como um elemento da exposição, que nos permite comparar as dimensões das coisas no Universo. A esfera de 26,5 metros de diâmetro é rodeada por uma passadeira pela qual vos convidamos a visionar as «Escalas do Universo». Ao começar, imaginemos que a esfera do planetário é o Universo observável inteiro. Na balaustrada está um modelo, praticamente do tamanho de um punho, que mostra o tamanho do nosso superaglomerado de Virgem, o qual contém milhares de galáxias, incluindo a Via Láctea.

Numa paragem subsequente, a meio do caminho pelas «Escalas do Universo», a grande esfera representa o Sol com modelos de planetas colocados ao lado dele, na proporção correta em relação ao

Sol como esfera maior. Esse exercício prossegue, comparando escalas cada vez mais pequenas. Quando a esfera do planetário é o átomo de hidrogénio, mostramos um ponto do tamanho do seu núcleo — que tem 0,195 milímetros de largura, revelando e afirmando que a maior parte do volume do átomo é espaço vazio.

No local da passadeira em que nos detemos para comparar a grande esfera que representa o Sol com as dimensões dos planetas, omitimos Plutão. Pode parecer má educação, mas tivemos boas razões para isso. Foi aí que começaram os problemas com Plutão.

Um repórter, que nos visitou um ano após a inauguração da exposição, reparou que faltava Plutão nessa mostra das dimensões relativas dos planetas e decidiu fazer grande caso disso, escrevendo sobre o assunto uma história de primeira página no *New York Times*, e foi então que houve um grande rebuliço. Eis a versão rápida do que fizemos e do porquê de o termos feito.

No início do século XX, havia oito planetas conhecidos: Mercúrio, Vénus, Terra, Marte, Júpiter, Saturno, Úrano e Neptuno. Clyde Tombaugh descobriu Plutão em 1930. Só em 1962 o livro de Clabon Allen *Astrophysical Quantities* listou a massa de Plutão: 80% da massa da Terra — com um ponto de interrogação, indicando que se tratava de uma suposição. Parece ser um planeta.

Em 1978, foi descoberta uma lua de Plutão — Charon. Charon e Plutão orbitam o seu centro de massa comum, como deviam; pelas observações da órbita e usando a *lei da gravidade de Newton*, conseguimos medir a massa de Plutão. O resultado? A massa de Plutão é um mero $^{1}/_{500}$ da massa da Terra, sendo minúsculo relativamente aos outros planetas.

A propósito, Newton era terrível. A sua lei da gravidade dizia que dois corpos se atraíam um para o outro com uma força que era proporcional ao produto das suas massas dividido pelo quadrado da distância entre eles. Isso explicava as órbitas elípticas dos planetas já observadas. Ele obteve essa fórmula antes de fazer 26 anos. Descobriu, espantosamente, que as cores do arco-íris, quando combinadas, nos davam luz branca. Inventou o cálculo e o telescópio de refração. Fez tudo isso.

Então, o que sabemos nós sobre Plutão? Plutão é o mais pequeno dos planetas, de longe. Há no sistema solar sete *luas* que são maiores do que Plutão, incluindo a lua da Terra. O caminho orbital de Plutão é tão elíptico que ele é o único planeta cuja órbita cruza a órbita de outro planeta. Plutão é feito principalmente de gelo — 55% do seu volume. Temos uma palavra para as coisas geladas no sistema solar — cometas. Plutão tem muitas características em comum com os cometas. Mas não estava a aproximar-se do Sol e a voltar para trás depois, como faz a maioria dos cometas. Quando um cometa gelado se aproxima do Sol, esse cometa solta vapor e poeira, produzindo uma longa cauda. Os cometas são pequenos (o cometa de Halley, por exemplo, tem sete quilómetros de diâmetro), mas podem ter caudas com milhões de quilómetros de extensão. Plutão nunca chega tão perto do Sol, pelo que não o faz. Apesar dos seus aspetos atípicos, as pessoas ficaram contentes por manter Plutão dentro da nossa definição de planeta.

No Rose Center, porém, quisemos preparar tanto quanto possível as nossas exposições para o futuro. As linhas de tendência na exploração planetária tinham para nós uma grande importância. Plutão é mais diferente de Mercúrio, de Vénus, da Terra e de Marte do que qualquer um destes o é dos outros. Mercúrio, Vénus, a Terra e Marte são, todos eles, pequenos e rochosos. Eis uma família.

Mercúrio, o planeta que está mais próximo do Sol, tem um grande núcleo de ferro, apenas um vestígio de alguma atmosfera e uma superfície crivada de crateras. Vénus está coberto de nuvens. Sob a cobertura de nuvens, tem enormes cordilheiras montanhosas e algumas crateras. Vénus, que é somente um pouco mais pequeno do que a Terra, tem uma espessa atmosfera de dióxido de carbono (CO_2), com um abrasador efeito de estufa que lhe dá uma temperatura de superfície intoleravelmente elevada. Marte é mais pequeno do que a Terra ou Vénus, mas maior do que Mercúrio. Retém uma fina atmosfera de CO_2 que produz apenas um minúsculo efeito de estufa. Isto, associado à sua maior distância em relação ao Sol, torna Marte muito mais frio do que a Terra. A pressão atmosférica na superfície de Marte é cerca de um centésimo da pressão da Terra. Tem regiões escuras na sua superfície, feitas de rocha basáltica onde a lava outrora escorreu, não cobertas de areia e de terra. As regiões vermelhas, que fazem de Marte o «planeta vermelho», são desertos, e essa sua cor deriva da ubiquidade do pó e da areia repletos de ferro. Marte tem um vale gretado que poderia abranger os Estados Unidos de costa a costa. Tem um vulcão extinto, o Olympus Mons, com 21,3 quilómetros de altura — a maior montanha do sistema solar. Marte tem duas calotas polares compostas sobretudo de água gelada, com uma camada de gelo seco (CO_2 congelado) por cima — durante o inverno na calota polar norte, mas durante todo o ano na calota polar sul. Marte é o mais habitável dos planetas, além da Terra.

Que mais há lá fora? Temos Júpiter, Saturno, Úrano e Neptuno. Todos eles são grandes e gasosos. Essa é outra família. Mais uma vez, têm mais em comum entre eles do que qualquer um deles tem com Plutão.

Júpiter orbita além de Marte. É o maior dos planetas, com 11 vezes o diâmetro da Terra. Mesmo assim, Júpiter é minúsculo quando comparado com o Sol, que tem 109 vezes o diâmetro da Terra. Júpiter é composto sobretudo de hidrogénio e hélio, muito semelhante ao Sol. Veremos mais adiante que estes são os dois ingredientes primários de nascimento em todo o Universo.

A atmosfera exterior de Júpiter contém nuvens de amoníaco e metano. Júpiter tem cinturas de nuvens, e a sua Grande Mancha Vermelha é uma tempestade que já grassa há mais de 300 anos. Saturno é semelhante a Júpiter, mas está rodeado por um magnífico conjunto de anéis compostos de partículas geladas que orbitam o planeta. Úrano e Neptuno são semelhantes a Júpiter e a Saturno, mas versões mais pequenas. Neptuno tem ventos que chegam a atingir os 2400 quilómetros por hora.

Os planetas terrestres rochosos formam-se no interior do sistema solar, onde, aquecidos pelo Sol, elementos leves como o hidrogénio e o hélio são levados a temperaturas suficientemente elevadas para poderem escapar à gravidade do planeta. Os planetas gigantes gasosos, formados na parte exterior do sistema solar, são mais frios, retêm todo o seu hidrogénio e hélio, e tornam-se, portanto, muito grandes.

Plutão simplesmente não se encaixa em nenhum destes retratos de família. Ao longo das décadas, fomo-nos limitando a ser amáveis para com Plutão, mantendo-o na família dos planetas, embora soubéssemos no nosso íntimo que ele não pertencia lá. Uma olhadela aos manuais do final dos anos 1970 (quando finalmente estabelecemos a dimensão e massa de Plutão) e dos anos 1980 mostra que Plutão começava a ser agrupado juntamente com os cometas, os asteroides e outros «detritos» do sistema solar. Essas foram as primeiras sementes para desenvencilhar Plutão do seu estatuto planetário.

Depois, em 1992, descobrimos um outro objeto no sistema solar exterior — um outro corpo gelado para além de Neptuno. Desde então, já descobrimos mais de dois mil objetos desses. Como são as órbitas deles? Estão todos para lá de Neptuno e muitos têm inclinações orbitais e formas elípticas que se assemelham à órbita de Plutão. Na verdade, esses corpos gelados recém-descobertos constituem toda uma nova zona de imobiliário no nosso sistema solar. O astrofísico Gerard Kuiper foi o primeiro a descrever a possível existência desses pequenos corpos gelados, e referimo-nos à região em que eles orbitam como a *Cintura de Kuiper*. Plutão visita a aresta interior da tal Cintura de Kuiper, tal como a maioria desses outros corpos gelados. A existência de Plutão faz agora sentido. Ele tem irmãos. Tem um lar. Plutão é um objeto da Cintura de Kuiper.

Plutão é o maior objeto conhecido da Cintura de Kuiper. Faz sentido. Sendo o primeiro objeto de uma nova espécie a ser descoberto, era de esperar que fosse o maior e o mais brilhante. Ceres, que foi o primeiro asteroide descoberto, continua a ser o maior asteroide conhecido.

Portanto, lá no Rose Center, limitámo-nos a colocar Plutão numa exposição sobre a Cintura de Kuiper. Nem sequer dissemos que ele era um planeta. Para a nossa conceção, as propriedades físicas eram mais importantes do que os rótulos.

E assim foi — durante um ano, até ao fatídico artigo do *New York Times* em 21 de janeiro de 2001, intitulado «Plutão não é um planeta? Só em Nova Iorque», escrito pelo jornalista de ciência Kenneth Chang.

A coisa foi parar à Internet, à Wired News, à Boston.com. Passei três meses da minha vida a responder a perguntas dos *media*.

O cão dos desenhos animados de Walt Disney, Pluto, foi desenhado pela primeira vez em 1930, no mesmo ano em que Clyde Tombaugh descobriu aquele objeto cósmico. Por isso o cão e o objeto cósmico têm a mesma idade no espírito dos Americanos. A Disney é uma das grandes forças da nossa cultura. Se Mercúrio tivesse sido despromovido, ninguém se teria importado com isso. Mas era Plutão. E quem é Plutão? É Pluto, o cão do Rato Mickey.

Completemos os argumentos. Quando pensaram na grande distância entre as órbitas de Marte e de Júpiter no nosso sistema solar, as pessoas sentiram que deveria haver um planeta por ali. A distância era demasiado grande para que não houvesse nenhum planeta. Ao fim de algum esforço, o astrónomo italiano Giuseppe Piazzi, em 1801, encontrou um planeta nessa região. Chamou-lhe Ceres. Toda a gente ficou excitada, porque se tinha descoberto um novo planeta. Já ouviram falar desse tal planeta? Não. Um livro dessa época mostra as órbitas de oito planetas conhecidos: Mercúrio, Vénus, Terra, Marte, Ceres, Júpiter, Saturno, e o planeta Herschel (que ainda não se chamava Úrano). Sim, Ceres (com 946 quilómetros de diâmetro) está nessa lista.

Passemos a um outro livro — editado trinta anos mais tarde: *The Elements in the Theory of Astronomy by John Hymers* —, um manual com muita matemática. Enumera onze planetas — Mercúrio, Vénus, Terra, Marte, Vesta, Juno, Ceres, Palas, Júpiter, Saturno e Úrano — que são denotados pelos seus símbolos (♀ para Vénus, ⊕ Terra, ♂ Marte, etc). Neptuno ainda não tinha sido descoberto. Tinham aparecido quatro novos planetas, todos eles precisando dos seus novos símbolos, num total de onze planetas. Os planetas eram coisas que andavam à volta do Sol. Os cometas também andam à volta do Sol, mas como eram indistintos e tinham caudas, não lhes chamávamos planetas. Quando descobrimos esses novos objetos não-parecidos-com-cometas entre Marte e Júpiter — Vesta, Juno, Ceres e Palas —, também lhes chamámos planetas. Alguns anos depois, tínhamos mais de 70 coisas dessas. E sabem o que descobrimos? Eles tinham mais em comum entre si do que qualquer um deles tinha com qualquer outra coisa no sistema solar, e todos eles orbitavam na mesma zona. Não tínhamos descoberto novos planetas. Tínhamos descoberto uma nova espécie de objetos. Hoje em dia, chamamos-lhes *asteroides*, um nome que foi inventado por William Herschel, o homem que descobriu Úrano. Herschel descobriu que eram minúsculos parentes dos planetas estabelecidos e defendeu que constituíam uma nova classe de objetos. Coisas a que se começou por chamar «planetas» foram mais tarde reclassificadas com um novo nome, e, o que é mais importante, aprendemos algo de novo acerca da estrutura do sistema solar. O nosso conhecimento básico ampliou-se e o nosso entendimento progrediu. Tudo isto aconteceu cerca de dez anos depois da publicação de *The Elements in the Theory of Astronomy*.

Plutão tem cerca de $^1/_5$ do diâmetro da Terra — é mais pequeno do que a Lua, tal como os outros objetos da Cintura de Kuiper. As quatro maiores luas de Júpiter (descobertas por Galileu quando ele virou pela primeira vez o seu telescópio para o céu) são, todas elas, maiores do que Plutão. Ganimedes, a maior lua de Júpiter, é ligeiramente maior do que o planeta Mercúrio, mas tem menos de metade da massa deste. Io e Europa são empurradas gravitacionalmente pelas outras luas e são aquecidas por compressão devido às marés de Júpiter. Io está coberta de vulcões ativos. Europa tem um oceano de água com oitenta quilómetros de profundidade sob uma camada de gelo com dez quilómetros de espessura. Há mais água nos oceanos de Europa do que em todos os oceanos da Terra. Encélado, a pequena lua de Saturno, também é aquecida por marés, tem um oceano meridional sob uma capa de gelo e espetaculares géiseres de água a irromper de lá. A maior lua de Saturno, Titã, tem lagos de metano líquido e uma atmosfera sobretudo de azoto. Chove metano em Titã, e há leitos de rio de metano gelado. Mostra zonas escuras que são regiões de metano-etano congelado, ao passo que as suas zonas brancas são gelo de água congelada. A maior lua gelada de Neptuno, Tritão, também tem géiseres espetaculares (porventura libertando azoto). Tritão orbita Neptuno numa direção retrógrada e poderá ser um objeto da Cintura de Kuiper que foi capturado. Quanto aos asteroides, Ceres, o maior deles, é mais pequeno do que Plutão. Vesta é o segundo maior; rico em ferro, pode ter tido partes da sua superfície arrancadas por uma antiga colisão com outro asteroide. Os asteroides são corpos rochosos. Os objetos da Cintura de Kuiper são corpos gelados.

No Rose Center, não contamos planetas. Dizemos que o sistema solar tem famílias, e uma dessas famílias — os planetas terrestres (Mercúrio, Vénus, Terra, Marte) — tem propriedades em comum que distinguem os seus elementos. A Cintura de Asteroides é outra família — pequenos corpos rochosos. Os gigantes gasosos (Júpiter, Saturno, Úrano, Neptuno) constituem uma família. Todos os objetos da Cintura de Kuiper, incluindo Plutão, que orbita perto da sua orla interior, têm propriedades semelhantes. Constituem uma outra família ainda. Muito mais além está uma grande nuvem de corpos gelados que rodeia completamente o Sol, a nuvem de cometas de Oort, que tirou o seu nome de Jan Oort, o astrofísico que pela primeira vez formulou a hipótese da existência deste reservatório de cometas. Dividimos os objetos que orbitam o Sol em cinco famílias. É esse o nosso paradigma pedagógico. O que importa é inquirir que propriedades em comum têm os objetos. Uma criança da terceira classe pode aprender que os gigantes gasosos são grandes e de baixa densidade — é uma desculpa para aprender o termo «densidade». Eles são grandes e gasosos, como as bolas de praia. Na verdade, a densidade de Saturno é menor do que a da água. Se pegássemos num pedaço de Saturno e o puséssemos na banheira, ele haveria de flutuar. Muito divertido. Aprendi isto quando era miúdo e sempre quis ter um Saturno de borracha para brincar com ele na banheira, em vez de um patinho de borracha.

Considerar Plutão um planeta legítimo é o mesmo que ignorar as suas propriedades fundamentais.

Em 2005, Mike Brown e a sua equipa do California Institute of Technology descobriram um objeto da Cintura de Kuiper, chamado Éris, que era quase idêntico em diâmetro a Plutão. Pensou-se originalmente que Éris seria ligeiramente maior do que Plutão, mas em 2015 melhores aferições demonstraram que Éris (diâmetro 2,326 ± 12 km) era ligeiramente mais pequeno do que Plutão (diâmetro 2,374 ± 8 km). Eros tinha uma pequena lua, Disnomia, cujos parâmetros orbitais permitiram a Brown calcular com precisão a massa de Éris; tem mais 27% de massa do que Plutão. A descoberta de Éris suscitou um grande desafio. Se Plutão era um planeta, então decerto que Éris também teria de o ser. Ou se despromovia Plutão ou se promovia Éris. A União Astronómica Internacional (UAI), que é o organismo oficial que decide estas definições, organizou, durante um encontro em 2006, uma sessão especial para votar o estatuto planetário de Plutão, bem como o de Éris e dos outros objetos da Cintura de Kuiper. Qual o resultado? Plutão foi despromovido do seu anterior estatuto planetário para o de planeta anão. Esta história foi notícia em todo o mundo. Os autores de manuais tomaram nota disso. Para ser um planeta, um objeto tinha de (1) orbitar o Sol, (2) ter massa suficiente para que a gravidade o puxasse para uma forma esférica ou quase esférica, e (3) ter a vizinhança da sua órbita limpa de detritos. Plutão falhava no terceiro critério, tal como Ceres — cada um deles partilhava zonas orbitais com inúmeros outros objetos, cuja massa total é comparável à deles próprios. A maioria dos astrofísicos, incluindo Mike Brown, diz que «ter a vizinhança limpa» significa que o planeta deve agora dominar a massa na vizinhança da sua órbita. Júpiter, afinal, está acompanhado por mais de cinco mil asteroides, concentrados em torno de pontos gravitacionais estáveis 60º adiante ou 60º atrás de Júpiter na sua órbita, mas, no total, esses asteroides são minúsculos em massa quando comparados com o próprio Júpiter. A UAI não ia despromover Júpiter. A UAI afirmou que há oito planetas no sistema solar: Mercúrio, Vénus, Terra, Marte, Júpiter, Saturno, Úrano e Neptuno. Ou, como mnemónica, *My Very Excellent Mother Just Served Us Nachos*. Como cumpriam os dois primeiros critérios, foi atribuída a Plutão, a Éris e a Ceres a nova classificação de «planeta anão». O Rose Center estava na verdade seis anos adiantado em relação ao seu tempo quando despromoveu Plutão.

Escrevi um livro, *The Pluto Files: The Rise and Fall of America's Favorite Planet* [Os Arquivos de Plutão: Ascensão e Queda do Planeta Favorito da América] (2009), em que relatei as minhas experiências.

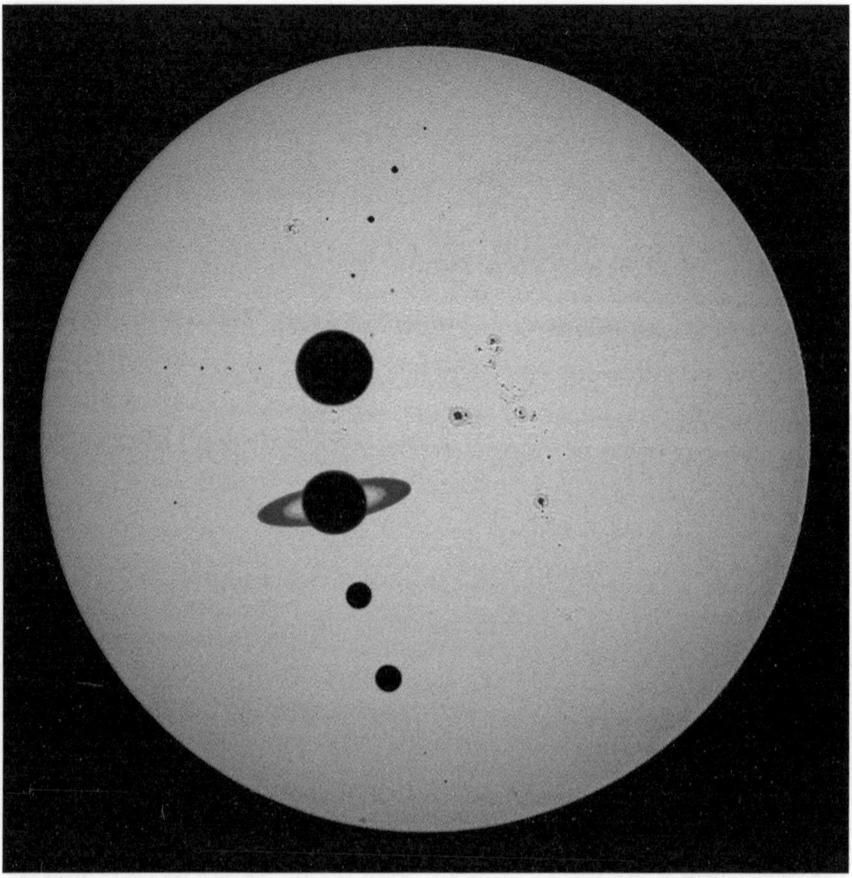

Figura 1. O sistema solar. Os planetas e Plutão e Éris mais algumas luas planetárias, mostrados como se estivessem em trânsito à frente do Sol. De cima para baixo: Mercúrio, Vénus, Terra, Marte, Júpiter, Saturno, Úrano, Neptuno, Plutão, Éris.
Créditos fotográficos: Adaptado de J. Richard Gott, Robert J. Vanderbei (*Sizing Up the Universe*, in *National Geographic*, 2011).

Mike Brown escreveu um livro sobre a sua descoberta de Éris, intitulado *How I Killed Pluto and Why It Had It Comming* [Como Matei Plutão e Já Estava à Espera Disso] (2010). Agora descobrimos quatro novas luas mais pequenas a orbitar Plutão, além de Caronte. Éris tem uma lua, e o objeto da Cintura de Kuiper chamado Haumea (agora também designado pela UAI como um planeta anão) tem duas. Em 2006, a NASA lançou a nave *New Horizons* em direção a Plutão, sendo a sua energia adequadamente fornecida pelo plutónio radioativo que ela transportava. Algumas da cinzas de Clyde Tombaugh (que faleceu em 1997) iam a bordo. A nave passou por Plutão e por Caronte em 2015, captando belas imagens de ambos. Uma região gelada de Plutão em forma de coração foi timidamente chamada «Tombaugh Regio». Portanto, tudo está bem com Plutão. O sistema solar (ver Figura 1) está contente: Sol, planetas terrestres, asteroides, planetas gigantes gasosos, objetos da Cintura de Kuiper e cometas.

CAPÍTULO 3

AS VIDAS E AS MORTES DAS ESTRELAS

Michael A. Strauss e Neil deGrasse Tyson

Se sairmos para o ar livre numa noite sem luar e sem nuvens, num local distante das luzes citadinas, veremos um céu cheio de estrelas. Existem aproximadamente seis mil estrelas em todo o céu que são suficientemente brilhantes para serem vistas a olho nu, metade das quais estão acima do horizonte em qualquer momento. Um dos grandes triunfos da astrofísica do século XX foi compreender o que são as estrelas (incluindo o nosso próprio Sol) e a gama completa das suas propriedades. Uma estrela é uma bola de gás que se mantém unida pela sua própria gravidade e sustida pela sua pressão interna. Classificamos as estrelas pela sua composição atómica (principalmente hidrogénio e hélio, como veremos), bem como pela sua massa, temperatura à superfície, dimensão, luminosidade (quanta energia a estrela emite em cada segundo) e idade. Como veremos, estas várias propriedades estelares estão intimamente relacionadas entre si e fornecem-nos noções fundamentais sobre os ciclos de vida das estrelas, do nascimento à morte.

Por volta de 1910, dois astrónomos que trabalhavam independentemente, Ejnar Hertzsprung na Dinamarca e Henry Norris Russell nos Estados Unidos, decidiram pegar em todas as estrelas

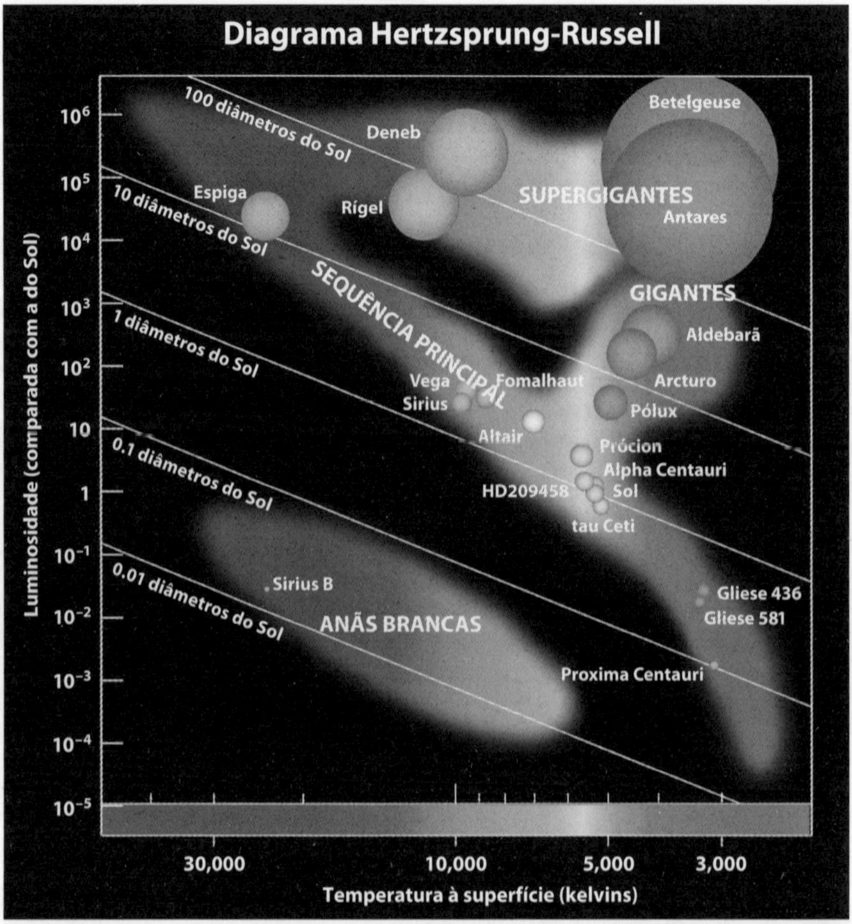

Figura 2. O diagrama de Hertzsprung-Russell para as estrelas. As luminosidades das estrelas são comparadas com as suas temperaturas de superfície. Note-se que, por convenção, a temperatura de superfície diminui para a direita. O sombreado indica onde as estrelas se encontram vulgarmente. As estrelas dispostas ao longo de uma linha diagonal com um rótulo particular têm, todas, o mesmo raio.

Créditos: Adaptado de J. Richard Gott, Robert J. Vanderbei (*Sizing Up the Universe*, in *National Geographic*, 2011).

com propriedades bem aferidas e compararam a luminosidade de cada uma com a sua cor (ver Figura 2). Este grafo chama-se, de forma nada surpreendente, *diagrama de Hertzsprung-Russell* (HR). O eixo vertical do diagrama de Hertzsprung-Russell mostra a luminosidade, e o eixo horizontal mostra a cor ou a temperatura, com as estrelas mais quentes (azuis) à esquerda e as estrelas menos quentes (vermelhas) à direita. Em geral, a cor de uma bola de gás incandescente está diretamente relacionada com a sua temperatura, pelo que as cores das estrelas são um indicativo da sua temperatura à superfície.

Henry Norris Russell, um professor de Princeton, foi, segundo diversos relatos, o primeiro astrofísico americano. Sendo um teórico, foi o primeiro a trazer todas as valências da física espetroscópica para a análise do Universo. Tinha dados sobre centenas de estrelas, obtidos principalmente por mulheres no Observatório do Colégio de Harvard, que faziam aquilo que muitos homens consideravam ser um trabalho menor — classificar os espetros de todas essas estrelas. Isso foi há muito tempo, quando se chamava «computadores» aos humanos que efetuavam cálculos. Sim, as pessoas eram computadores. Essas mulheres ocupavam uma grande sala, onde todas elas trabalhavam. Nessa época, perto do início do século XX, as mulheres não eram professoras e não tinham acesso a nenhum dos empregos que os homens ambicionavam. Mas essa sala de computadores incluía mulheres espertas e motivadas, que, nas análises desses espetros, deduziram aspetos seminais do Universo. Henrietta Leavitt foi uma delas. Cecilia Payne também trabalhou nos espetros em Harvard durante uma década como assistente de Harlow Shapley antes de acabar por ser nomeada professora. Descobriu que o Sol é feito principalmente de hidrogénio. A astronomia, devido a essa história peculiar, tem um legado fascinante de contributos iniciais de mulheres, que foram pormenorizados no livro de Dava Sobel publicado em 2016, *The Glass Universe: How the Ladies of the Harvard*

Observatory Took the Measure of the Stars [Universo de Vidro: Como as Senhoras do Observatório de Harvard Mediram as Estrelas].

A partir dos catálogos de luminosidades e temperaturas estelares, Hertzsprung e Russell começaram a preencher o diagrama. Descobriram que as estrelas não ocupavam um lugar qualquer na tabela. Algumas regiões não tinham quaisquer estrelas — os espaços vazios neste diagrama —, mas, diagonalmente, mesmo a meio da tabela, emergia uma proeminente sequência de estrelas. Eles chamaram-lhe a *sequência principal*, como é costume no nosso campo, em que se dá a algo o nome mais simples possível.

Compreender o diagrama HR exige que se reconheça que a luminosidade de uma estrela tanto depende da sua temperatura como da sua dimensão. Não nos surpreenderá saber que quanto mais quente for a estrela, mais energia esta emitirá em cada segundo. Do mesmo modo, quanto maior for a estrela, mais elevada a sua luminosidade. Isto significa que, a partir das medidas da luminosidade e da temperatura de uma estrela, podemos calcular a sua dimensão. Por outras palavras, a luminosidade, a temperatura e a dimensão de uma estrela são interdependentes, formando uma equação simples que nos permite calcular qualquer quantidade a partir das outras duas. Noventa por cento das estrelas catalogadas no diagrama HR dispõem-se ao longo da sequência principal. Há um ajuntamento no canto superior direito. Essas estrelas têm uma temperatura relativamente baixa — o que significa que são principalmente vermelhas. E são altamente luminosas — o que significa que são enormes. Chamamos-lhes *gigantes vermelhas*. Ainda mais acima, nesse canto superior direito, estão as *supergigantes vermelhas*. Podemos traçar linhas diagonais de dimensão constante no diagrama: 0,01 diâmetros do Sol, 0,1 diâmetros do

Sol, 1 diâmetro do Sol, 10 diâmetros do Sol e 100 diâmetros do Sol. Agora sabemos quão grandes são essas estrelas. O Sol está na linha de 1 diâmetro do Sol, evidentemente. As supergigantes vermelhas são maiores do que 100 diâmetros do Sol. Abaixo da sequência principal, encontramos um outro grupo de estrelas. Estas são quentes, mas não muito quentes; é isso que as torna brancas. Têm uma luminosidade extremamente baixa, pelo que devem ser pequenas. Chamamos-lhes *anãs brancas — white dwarfs*, em inglês. Algumas pessoas no Reino Unido (especialmente J. R. R. Tolkien, porventura) talvez preferissem escrever *white dwarves*. Mas na América formamos o plural de *dwarf* como *dwarfs*. Os astrofísicos não são os únicos a ter essa preferência. O filme da Disney de 1937 *Branca de Neve e os Sete Anões* chama-se *Snow White and the Seven Dwarfs*, e não *Seven Dwarves*.

Quando o diagrama HR foi publicado, classificando as estrelas em zonas gráficas, não sabíamos o que as levava a estar agrupadas desse modo. Talvez uma estrela nasça com alta temperatura e alta luminosidade, e ao longo do tempo descaia pela sequência principal (arrefecendo e simultaneamente perdendo luminosidade) enquanto envelhece — é uma suposição razoável, mas esse tipo de raciocínio levou a uma estimativa para a idade do Sol de cerca de um bilião de anos, muito mais do que a idade da Terra. Durante dezenas de anos, propusemos suposições bem-educadas para responder a esta pergunta — até descobrirmos o que realmente se passava. Essa noção brotou de se observarem agregados de estrelas no céu. O ponto fundamental é que todas as estrelas de um agregado se formaram mais ou menos ao mesmo tempo. Alguns agregados têm centenas de estrelas; outros, alguns milhares. Outros ainda têm centenas de milhares de estrelas. Se o número de estrelas estiver na zona inferior (como as Plêiades), chamamos-lhe um *agregado aberto*; se esse agregado estiver na zona superior, tende a ser esférico ou em forma de globo e chamamos-lhe um *agregado globular*.

Quando vemos um desses objetos no céu, é evidente que tipo de agregado estamos a ver. Não há termo médio. As estrelas de um agregado particular têm uma data de aniversário comum — todas se formaram a partir de uma nuvem de gás ao mesmo tempo.

As Plêiades são um jovem agregado aberto de estrelas — é como olharmos para uma turma do jardim de infância. Predominam as estrelas jovens, brilhantes, azuis. O diagrama Hertzsprung-Russell para este agregado mostra uma sequência principal completa e nenhumas gigantes vermelhas. As estrelas azuis no cimo da sequência principal são tão brilhantes que predominam, mas também estão em evidência estrelas vermelhas situadas mais abaixo na sequência principal. As Plêiades mostram o aspeto que tem um conjunto de estrelas pouco após terem nascido, e os astrofísicos calculam que este agregado tem apenas algumas dezenas de milhões de anos. A partir dele, podemos ver que algumas estrelas nascem tendo elevada luminosidade e alta temperatura, enquanto outras estrelas nascem com baixa luminosidade e baixa temperatura — sucede terem nascido assim — ao longo de toda a sequência principal.

Os agregados globulares mostram uma sequência principal sem um extremo superior e algumas gigantes vermelhas, que não fazem parte da sequência principal. Isto é como olhar para uma quinquagésima reunião de antigos alunos — todas as estrelas são velhas. As gigantes vermelhas são as mais brilhantes e dominam a paisagem. A sequência principal do agregado continua a ter objetos de baixa luminosidade e baixa temperatura, mas para onde foram as azuis brilhantes? Terão saído de cena? O que aconteceu? Provavelmente, podemos supor para onde «foram»: tornaram-se gigantes vermelhas. O extremo superior da sequência principal estava a desfazer-se, com luminosas estrelas azuis a transformar-se em gigantes vermelhas.

Também descobrimos casos de meia-idade: onde somente o início da sequência principal havia desaparecido e apenas tinham surgido algumas gigantes vermelhas.

Para descobrirmos as massas de diferentes tipos de estrelas, tínhamos de ser espertos. Medimos alterações nos comprimentos de onda nas linhas espetrais de estrelas binárias enquanto elas orbitavam umas nas outras, para determinarmos as suas velocidades orbitais — as famosas alterações de Doppler — e aplicámos a lei da gravidade de Newton. A partir deste exercício, descobrimos que a sequência principal é também uma sequência de massa, que vai das estrelas azuis e luminosas de grande massa no topo esquerdo até às estrelas vermelhas de baixa luminosidade e baixa massa no canto inferior direito. As estrelas de baixa massa nascem com baixa luminosidade e baixa temperatura, ao passo que as estrelas de massa elevada nascem com alta luminosidade e alta temperatura.

As estrelas azuis de grande massa no cimo da sequência principal vivem talvez durante dez milhões de anos. O que na verdade não é muito tempo. Mais ou menos a meio da sequência principal, uma estrela como o Sol vive dez mil milhões de anos, mil vezes mais. Descendo a sequência principal até ao fundo, as estrelas anãs vermelhas de baixa luminosidade irão viver biliões de anos. Noventa por cento de todas as estrelas encontram-se na sequência principal simplesmente porque as estrelas gastam 90% do seu tempo de vida com a luminosidade e a temperatura que as pôs ali. Pensemos da seguinte maneira: escovamos os dentes todos os dias numa casa de banho. Mas se fizermos o nosso retrato durante o dia em momentos aleatórios, é provável que não sejamos apanhados a fazê-lo, porque, embora todos os dias passemos (devamos passar) tempo a escovar os dentes, não demoramos muito a fazê-lo. Algumas regiões do diagrama HR estão esparsamente povoadas porque as estrelas estão, na verdade, a «passar por» aquelas regiões enquanto a sua luminosidade e/ou temperatura se alteram, mas fazem-no muito depressa, sem gastar muito tempo por lá. É raro conseguir-se apanhar estrelas a escovar os dentes.

O que é que acontece no centro das estrelas? Quando se aumenta a temperatura de um gás, os átomos individuais, ou núcleos, que o formam movem-se cada vez mais depressa. Cerca de 90% dos núcleos atómicos no Universo são hidrogénio, a mesma percentagem que se encontra nas estrelas. Tomemos uma mancha de gás que seja 90% hidrogénio — ainda não é uma estrela. Deixemo-la afundar-se sob a sua própria gravidade e formar uma estrela. Como poderão suspeitar, o centro torna-se a parte mais quente. Os centros das estrelas são suficientemente quentes para formarem uma fornalha nuclear que mantém esse centro quente. Está muito menos quente na superfície. Os centros das estrelas são tão quentes que todos os eletrões são inteiramente arrancados aos seus átomos, deixando os núcleos expostos.

O núcleo de hidrogénio tem um protão. Quando um outro protão se aproxima dele, os dois protões repelem-se naturalmente um ao outro. Os protões têm carga positiva, e as cargas semelhantes repelem-se. Quanto mais próximos ficam, mais intensamente se repelem. Mas aumentemos-lhes agora a temperatura. Uma temperatura mais elevada significa mais elevadas energias cinéticas médias, e maiores velocidades para os protões. Maiores velocidades significa que os protões se podem aproximar mais uns dos outros antes de as forças elétricas os fazerem voltar para trás e afastar-se. Sucede que há uma temperatura mágica — cerca de dez milhões de K —, atingida a qual estes protões são capazes de se aproximar tanto que uma nova força de curto alcance, a *força nuclear forte*, passa a dominar, atraindo-os e ligando-os uns aos outros. É isso que permite a *fusão termonuclear*.

A propósito, a força nuclear forte também é a que mantém unidos os núcleos mais maciços. O núcleo de hélio tem dois protões e dois neutrões (de carga zero). Os dois protões empurram-se para longe um do outro porque ambos têm carga positiva, e é a força nuclear forte que os mantém no núcleo. Isto é verdade para todos os núcleos, como o núcleo de carbono, que contém seis protões e seis neutrões, e o núcleo de oxigénio, com oito protões e oito neutrões.

Quando dois protões se juntam a dez milhões de K, é melhor recostarmo-nos e apreciar o fogo de artifício. Acabamos por ter um protão e um neutrão unidos — um dos protões transformou-se espontaneamente num neutrão e num eletrão com carga positiva, que se chama *positrão*. E esse positrão é instantaneamente ejetado. Isto é a antimatéria. Uma coisa exótica. Os positrões pesam exatamente o mesmo que os eletrões, mas quando um positrão e um eletrão se encontram, aniquilam-se, convertendo toda a sua massa em energia que é levada dali por dois pacotes de luz chamados fotões. Esta conversão segue precisamente a equação de Albert Einstein, $E = mc^2$, que exprime a equivalência entre energia e massa. Nesta equação, *c* é a velocidade da luz, 300 mil quilómetros por segundo, uma velocidade muito alta que é elevada ao quadrado, pelo que uma pequena quantidade de massa pode ser convertida numa enorme quantidade de energia — como foi dramaticamente demonstrado pelas bombas atómicas. Essa reação ejeta também um *neutrino*, uma partícula neutra (de carga zero) que interage tão fracamente com as restantes coisas do Universo que rapidamente se escapa do Sol, quase imperturbada pelas obstruções materiais. Note-se que a carga é conservada nesta reação. Começamos com duas cargas positivas (cada protão tem uma) e acabamos com duas cargas positivas (no protão sobrevivente e no positrão). Esta reação cria energia, porque a massa total das partículas originais excede a massa total das partículas no fim. A massa perdida foi convertida em energia através de $E = mc^2$. O que é um núcleo com um protão e um neutrão? Só há um protão nele, pelo que continua a ser hidrogénio, mas agora é uma versão mais pesada de hidrogénio. Chamamos-lhe frequentemente «hidrogénio pesado», mas também tem o seu próprio nome: *deutério*.

Agora já tenho algum deutério. O deutério mais um outro protão dá-me um núcleo ppn (dois protões, um neutrão) e mais energia. O que é que eu acabei de fazer? Tenho agora dois protões no meu núcleo, e, quando temos dois protões, chamamos-lhes *hélio*. O nome deriva de Helios — o deus grego do Sol. Sim, temos um elemento que tem o nome do Sol. Isso é porque o hélio foi descoberto no Sol, através de análise espetral, antes de o descobrirmos na Terra. Este núcleo ppn é uma versão de hélio mais leve do que o normal, que se chama *hélio-3* porque tem três partículas nucleares (dois protões e um neutrão). Façamos agora colidir dois desses núcleos de hélio-3: ppn + ppn e obtemos ppnn + p + p + mais energia. Este ppnn resultante é o célebre *hélio-4* (aquilo com que se enchem os balões de hélio).

Tudo isto acontece entre 10 e 15 milhões de K no centro do Sol, que converte quatro milhões de toneladas de matéria em energia a cada segundo. Viríamos mais tarde a aprender que todas as estrelas da sequência principal convertem hidrogénio em hélio nos seus centros. Finalmente o hidrogénio esgota-se e então tudo se descontrola: o invólucro da estrela expande-se e ela transforma-se numa gigante vermelha. Daqui a cerca de cinco mil milhões de anos, o nosso Sol irá transformar-se numa gigante vermelha, libertar-se do seu invólucro gasoso e finalmente mirrar até se tornar numa anã branca. A galáxia oferece muitos exemplos deste fenómeno. Num raro e impróprio nome astronómico, chamamos a estes indistintos resíduos de estrelas «nébulas planetárias». Estrelas que são mais maciças transformar-se-ão em gigantes vermelhas e em supergigantes. Quando as mais maciças de entre elas morrem, explodem como supernovas e os seus núcleos colapsam até formarem estrelas de neutrões ou buracos negros.

Para já, regressemos ao diagrama de Hertzsprung-Russell. Temos a sequência principal, gigantes vermelhas e anãs brancas, com a temperatura a aumentar para a esquerda e a luminosidade a tornar-se mais elevada à medida que subimos no diagrama. É atribuída a todas as estrelas uma classificação espetral. Uma letra aparentemente aleatória que é, na verdade, uma relíquia de um anterior esquema de classificação em que elas apareciam por ordem alfabética: O B A F G K M L T Y. Cada letra designa uma classe de temperatura de superfície decrescente para as estrelas. O nosso Sol é da classe espetral G.

As suas temperaturas de superfície aproximadas (na escala de kelvin, que é a dos graus celsius mais 273) e cores são

O (> 33 000 K, azul)
B (10 000–33 000 K, azul-branco)
A (7500–10 000 K, branco a azul-branco)
F (6000–7500 K, branco)
G (5200–6000 K, branco)
K (3700–5200 K, laranja)
M (2000–3700 K, vermelho)

e todas estão incluídas na Figura 2. Mais para a direita, já fora da nossa tabela, estariam as restantes classes espetrais: L (1300–2000 K, vermelho), T (700–1300 K, vermelho-claro) e Y (< 700 K, vermelho-escuro).

As estrelas de menor massa na sequência principal (que são as estrelas M) têm menos de 10% da massa do nosso Sol. E quanto às estrelas L, T e Y, que têm menos massa ainda? Com gravidade mais baixa, elas terão menor temperatura e menor densidade nos seus núcleos. O que é que acontece quando temos uma massa gasosa que se mantém unida pela gravidade e que no seu centro não é suficientemente quente para que ali tenha lugar a fusão nuclear do hidrogénio? A uma tal estrela chamamos *anã castanha*. Elas não são realmente castanhas, mas têm um aspeto vermelho-escuro e brilham sobretudo na gama dos infravermelhos. As anãs castanhas que têm entre $^1/_{80}$ e $^1/_{12}$ da massa do Sol fundem muito debilmente os vestígios de deutério presentes nos seus núcleos. Como têm os núcleos em fusão, continuamos a chamar-lhes estrelas. Mas os objetos de massa ainda menor — menos de 13 vezes a massa de Júpiter (ou cerca de 1,3% da do Sol) — não terão absolutamente nenhuma fusão nuclear de qualquer tipo nos seus núcleos. Os planetas Júpiter e Saturno são objetos desses.

Se olharmos para a escala da temperatura, na base da figura, poderemos ver para onde vão essas classes espetrais. Espiga é da classe B. Sirius é da classe A, e Prócion é da classe F. E Gliese 851, uma estrela em que se confirmou haver exoplanetas orbitando-a, é da classe M. O Sol, da classe G, tem exatamente uma luminosidade solar, por definição, como se poderá verificar se repararmos na luminosidade dele na escala vertical. Trata-se de uma escala logarítmica, que nos permite projetar a enorme gama de luminosidades observadas, em que cada marca ascendente representa uma estrela dez vezes mais luminosa.

A amplitude de luminosidade entre as estrelas da sequência principal é estarrecedora. Ao longo da margem superior da Figura 2, há estrelas com um milhão de vezes a luminosidade do Sol. Na base da tabela, há estrelas com $^{1}/_{100\,000}$ da luminosidade do Sol. Acabámos por perceber que as estrelas na ponta superior da sequência principal têm apenas 60 vezes a massa do Sol, e não um milhão de vezes mais massa. Na ponta inferior, têm apenas um décimo da massa do Sol, mas, como indicado, são muito, muito mais débeis do que o Sol. Portanto, a amplitude de massas é grande, mas nem de perto tão grande quanto a amplitude de luminosidades.

Uma vez que a luminosidade é uma função tão forte da massa, as estrelas de massa elevada fundem rapidamente a sua limitada provisão de combustível hidrogénio. Quanto mais maciça for uma estrela, mais curto será o prazo de vida da sua sequência principal, embora ela transporte mais combustível. As estrelas maciças são ávidas consumidoras de combustível.

Uma estrela com massa solar 40 viverá apenas um milhão de anos — o que é ínfimo, quando comparado com mil milhões de anos. Se formos na outra direção, consideremos uma estrela que tenha um décimo da massa do Sol. Ela viverá cerca de três biliões de anos, muito mais do que a presente idade do Universo — o que torna essa estrela muito eficaz no seu consumo de combustível. Assim, todas as estrelas de baixa massa que alguma vez nasceram no Universo continuam a fundir o seu hidrogénio.

Como notámos, uma estrela passa 90% da sua vida na sequência principal, fundindo hidrogénio em hélio. Mas as estrelas fazem outras coisas nos seus núcleos durante a fase de gigantes vermelhas. Prosseguem a fusão, para lá do hélio, formando elementos cada vez mais pesados, como carbono e oxigénio, e outros ao longo da tabela periódica até se chegar ao ferro, que tem 26 protões e 30 neutrões. Muita coisa acontece durante esta última fase, mas acontece depressa, ocupando uns meros 10% da vida de uma estrela. Sempre que se juntam elementos mais leves do que o ferro, para formar um outro mais pesado, a reação perde massa e a reação de fusão liberta energia através da $E = mc^2$. Dizemos que ela é *exotérmica*, porque liberta energia. Outros processos nucleares também libertam energia. Tomemos o urânio, que tem 92 protões. Se cindirmos o núcleo dele em núcleos menores — fissão —, isso também é exotérmico. A bomba de Hiroxima lançada durante a Segunda Guerra Mundial recorreu à fissão de urânio, ao passo que a bomba de Nagasaki usou plutónio, com 94 protões. Cada um destes elementos tem um núcleo enorme. Se o cindirmos em partes, criando elementos mais leves, a massa total daquilo que obtemos é ligeiramente menor do que quando começámos. A massa perdida transforma-se na energia dessas bombas atómicas — a que chamavam «bombas A». No início da Guerra Fria, a maior parte do arsenal nuclear mundial consistia em bombas A, ao passo que hoje em dia a maior fatia da potência dos nossos arsenais nucleares reside em bombas que fundem hidrogénio em hélio — «bombas H». Para percebermos melhor uma comparação da sua energia destruidora, as bombas H usam bombas A como disparador, o que nos dá uma noção do ponto a que estas armas baseadas na fusão são realmente devastadoras. Sabemos como elas convertem eficazmente matéria em energia, e é exatamente isso que as estrelas fazem. O Sol é uma grande bomba de fusão termonuclear, só que a sua impressionante energia é contida por toda a massa que o comprime até ao núcleo. Ainda não fomos capazes de construir uma central de fusão nuclear — dominando esse combustível de dez milhões de graus. Todas as centrais nucleares na América, em França e noutros países são centrais de fissão contida.

Não podemos cindir átomos e continuar a obter energia para sempre. Também não podemos fundir átomos e obter energia para sempre.

O ferro, com os seus 26 protões e 30 neutrões, é o núcleo mais fortemente ligado em toda a tabela periódica. Se fundirmos o ferro, ele torna-se *endotérmico* e absorve energia. Se fissionarmos o ferro, este é também endotérmico. Para um lado ou para outro, não há mais energia nuclear para libertar. Tudo estaca no ferro.

O que as estrelas fazem é produzir energia. Se uma estrela vai continuando a funcionar, fundindo os seus elementos uns após os outros para núcleos cada vez mais pesados, e se vai obtendo energia ao fazê-lo, temos uma estrela feliz. Essa energia mantém quente o centro da estrela, e a pressão térmica desse gás quente impede que a gravidade faça abater a estrela sob o seu próprio peso. Digamos que temos uma estrela dez vezes maior do que o Sol com a sequência principal de hidrogénio e hélio, e que vai convertendo o hidrogénio em hélio no seu núcleo. Essa é a cena 1. Na cena 2, o núcleo é agora hélio puro, mas continua a manter uma mistura de hidrogénio e hélio no invólucro que o rodeia. A fusão no centro suspende-se e o centro deixa de continuar a suster a estrela; assim sendo, o que faz essa estrela? O núcleo da estrela colapsa, a pressão aumenta e a temperatura sobe, tornando-se mais quente ainda — suficientemente quente (cem milhões de K) para fundir o hélio em carbono. Fora do núcleo, o hidrogénio continua a existir e começa a fissionar. A região onde isto acontece é uma casca esférica. A estrela é agora uma gigante vermelha. Cena 3. Temos agora o carbono a fissionar para produzir oxigénio no centro do núcleo de carbono que está no centro do núcleo de hélio que está no centro do invólucro exterior da estrela, o qual ainda tem hidrogénio e hélio. Estamos a criar uma cebola de elementos, camada após camada, porque está sempre mais quente no meio. Cada reação liberta energia. Finalmente, obtém-se ferro no meio, rodeado de sucessivos casulos de outros elementos cada vez mais leves.

E lá dentro jaz o futuro enriquecimento químico da galáxia.

Mas de momento esses elementos permanecem fechados no interior de uma estrela e têm de sair de lá de alguma maneira. Como é que o sabemos? Somos feitos desses elementos. Também sabemos que o ferro está no fim do caminho. Se uma estrela tentar fissionar ferro, fazê-lo suga a energia para fora da estrela, acelerando ainda mais o seu colapso. Recordemos que o que as estrelas fazem é produzir energia, não absorvê-la. À medida que o núcleo colapsa cada vez mais rapidamente, a estrela implode, deixando no centro uma minúscula e superdensa *estrela de neutrões*, enquanto as camadas exteriores sofrem uma fusão nuclear espontânea a um ritmo explosivo. Esse súbito surto de energia faz rebentar todo o invólucro e núcleo exterior da estrela, causando uma titânica explosão de *supernova*, que brilha milhares de milhões de vezes mais do que o Sol durante várias semanas. Daqui a pouco iremos explorar os pormenores da explosão de uma supernova. Mas o mais importante de momento é que as entranhas dessa estrela são agora libertadas para a galáxia — para aquilo a que chamamos o *meio interestelar* —, enriquecendo quimicamente as nuvens de gás com elementos pesados e permitindo que essas nuvens formem sistemas de estrelas com planetas e até pessoas.

No ano de 1054, os astrónomos chineses repararam numa nova «estrela convidada» na constelação a que chamamos Touro e que inicialmente era suficientemente brilhante para poder ser vista durante o dia.

Hoje, no mesmo local, os detritos que se expandiram a partir dessa explosão de supernova podem ser vistos como a Nebulosa do Caranguejo. No centro da Nebulosa do Caranguejo, uma estrela de neutrões gira rapidamente trinta vezes por segundo. Quando o núcleo de uma estrela colapsa, retém o seu impulso angular e começa a girar mais rapidamente, como os patinadores de gelo que giram mais depressa quando fecham os braços. O campo magnético da estrela fica comprimido e também é intensificado. O campo magnético na superfície da estrela de neutrões da Nebulosa do Caranguejo é cerca de um bilião de vezes mais forte do que o campo magnético na superfície da Terra. Enquanto a estrela de neutrões gira, os seus polos magnéticos norte e sul, que não estão alinhados com o eixo de rotação, vão balouçando, forçando a estrela de neutrões a emitir ondas de rádio em dois feixes, como se fosse um farol. Sempre que esse feixe passa pela Terra, observamos uma pulsação de radiação rádio. Eis um *pulsar de rádio*. O primeiro pulsar de rádio foi descoberto em 1967 por Jocelyn Bell, estudante da Universidade de Cambridge.

As supernovas são raras. A última vez que alguém viu uma supernova rebentar na Via Láctea foi há cerca de quatrocentos anos, antes de Galileu ter apontado pela primeira vez um telescópio para o céu. Foi por isso que, em 1987, os astrofísicos ficaram particularmente entusiasmados quando viram uma supernova explodir na Grande Nuvem de Magalhães, uma pequena e próxima galáxia satélite da Via Láctea. Era suficientemente brilhante para ser vista a olho nu, embora estivesse a 150 mil anos-luz ($1{,}5 \times 10^{18}$ km) de distância. Michael teve a sorte de poder viajar até ao Chile, em maio de 1987, poucos meses depois da explosão, para usar os telescópios de lá na sua investigação para o doutoramento. Tal como os Chineses no ano de 1054, conseguiu ver essa «nova» estrela na Grande Nuvem de Magalhães com os seus próprios olhos. Tanto Michael como Neil usaram os telescópios do Chile para a sua investigação de doutoramento e conheceram-se no Observatório Cerro Tololo, nos Andes chilenos.

Os elementos pesados, até ao ferro, são produzidos por fusão nos núcleos das estrelas moribundas. Embora alguns elementos pesados sejam produzidos nas explosões de supernovas, a maior parte dos restantes elementos que ocorrem naturalmente, até ao urânio, pode ser criada na colisão de duas estrelas de neutrões numa órbita apertada.

Essas estrelas de neutrões binárias existem. Em 1974, Russel Hulse e Joe Taylor descobriram duas estrelas de neutrões, cada uma com uma massa correspondente a 1,4 vezes a do Sol, que se orbitavam uma à outra a cada 7,75 horas. O diâmetro da órbita de ambas é um pouco mais pequeno do que o diâmetro do Sol. As duas estrelas de neutrões vão-se aproximando uma da outra em espiral devido à energia levada dali pela emissão de ondas gravitacionais, um fenómeno já previsto pela teoria da relatividade geral de Einstein. Pela sua descoberta, foi-lhes atribuído o Prémio Nobel da Física em 1993. As duas estrelas de neutrões irão continuar a sua lenta e fatídica espiral em direção uma à outra até que acabem por colidir e unir-se, daqui a cerca de trezentos milhões de anos. Em 17 de agosto de 2017, os astrofísicos do Observatório de Ondas Gravitacionais por Interferómetro Laser [Laser Interferometer Gravitational-Wave Observatory – LIGO] observaram ondas gravitacionais provenientes de uma colisão dessas entre duas estrelas de neutrões. Os elementos mais pesados do que o ferro eram abundantes nos detritos da explosão. Uma colisão dessas pode ejetar dez vezes a massa da Terra em ouro. Pensemos nisso: os átomos de ouro das nossas alianças de casamento foram provavelmente forjados numa colisão de duas estrelas de neutrões há milhares de milhões de anos.

Existem estrelas de massa ainda mais elevada do que aquela que deu origem à Nebulosa do Caranguejo. Também elas explodem. Mas quando uma delas colapsa, o aumento de gravidade perto do centro distorce o espaço tão severamente que ele se isola do resto do Universo, impedindo até que a luz de lá saia. Adivinharam. Chamamos a esses objetos buracos negros. Um buraco negro é um hotel onde se pode entrar, mas de onde não se pode sair. Forma-se um *horizonte de evento* para esconder o que se passa lá dentro. Um buraco negro com dez massas solares tem um horizonte de evento com um raio de trinta quilómetros.

Em 14 de setembro de 2015, os astrofísicos do LIGO testemunharam as ondas gravitacionais emitidas pela colisão de dois buracos negros. Ambos tinham formado um estreito sistema binário em espiral interior, perdendo energia devido à emissão de ondas gravitacionais. De acordo com a fórmula de Einstein $E = mc^2$, as ondas gravitacionais transportaram uma energia equivalente a três massas solares. Ao estudarem essas ondulações gravitacionais na geometria do espaço-tempo, os astrofísicos conseguiram deduzir as massas dos buracos negros envolvidos. Os dois buracos negros iniciais tinham, respetivamente, 29 e 36 massas solares, enquanto o único buraco negro que restou no fim tinha 62 massas solares. Se fizermos o cálculo, verificaremos que faltam três massas solares. Elas foram convertidas em energia pura numa fração de segundo e emitidas na forma de ondas gravitacionais. Durante um décimo de segundo, a luminosidade associada a essas ondas gravitacionais foi maior do que a luminosidade de todas as estrelas no Universo visível. A descoberta mereceu o Prémio Nobel da Física em 2017.

Stephen Hawking fez grandes descobertas sobre os buracos negros. Descobriu que, devido aos efeitos quânticos, deviam emitir ténues quantidades de radiação térmica (na região do espetro de ondas rádio de grande comprimento de onda). Por enquanto, é demasiado ténue para ser detetada, e foi por isso que Stephen Hawking não ganhou qualquer Nobel, o que normalmente exige provas experimentais. A emissão dessa radiação de Hawking faz com que o buraco negro perca massa lentamente. Um buraco negro de 62 massas solares irá evaporar-se numa escala temporal de aproximadamente 5×10^{72} anos, muito mais do que a presente idade do Universo.

O Sol também irá ficar sem combustível de hidrogénio daqui a cerca de cinco mil milhões de anos. A sua morte será menos espetacular do que a explosão de uma supernova, mas tem para nós um particular interesse. Tal como sucede às estrelas de massa mais elevada, consideremos o casulo de hidrogénio que rodeia o núcleo, agora de hélio puro. Fora do núcleo, o casulo de hidrogénio não tem estado envolvido na fusão nuclear, porque a sua densidade e temperatura são simplesmente demasiado baixas. Mas quando o núcleo colapsa, esse casulo de hidrogénio que o rodeia colapsa também, tornando-se mais quente e mais denso. Rapidamente, a sua densidade e temperatura tornam-se suficientemente altas para provocar a fusão do hidrogénio em hélio no casulo, dotando o Sol de uma renovada fonte de combustível para alimentar a fornalha nuclear.

De súbito, o Sol tem uma nova extensão de vida. A taxa de produção de energia nesse muito maior casulo de hidrogénio em fusão é enorme — muito mais elevada do que a do núcleo enquanto a estrela ainda estava na sequência principal.

E assim, pelo menos durante um breve período, a estrela produz uma enorme luminosidade, mas é preciso muito tempo para que essa radiação saia de lá, e a pressão acrescida começa a ganhar o braço de ferro com a gravidade. Em consequência, as partes exteriores da estrela expandem-se (e arrefecem), mesmo enquanto as partes interiores se contraem. O Sol transforma-se numa *gigante vermelha*, com cerca de duzentas vezes a sua presente largura. Daqui a cerca de

7,4 mil milhões de anos, esperamos que as vastas interações com o Sol durante a sua fase de gigante vermelha levem a Terra a cair em espiral para o invólucro do Sol e a vaporizar-se.

O núcleo de hélio do Sol não tem qualquer fonte de energia interna, pelo que a gravidade o faz continuar a contrair-se e a aquecer. Só quando a temperatura do núcleo atinge cerca de cem milhões de K é que esse centro de hélio começa a fundir-se para produzir núcleos de carbono e de oxigénio. Essa fase de fusão do hélio durará cerca de dois mil milhões de anos para o Sol. É então que o fornecimento de hélio do núcleo se esgota e o centro se abate uma vez mais.

Para estrelas com a massa do Sol, estamos a aproximar-nos do final da nossa história. As partes exteriores da estrela estão muito distantes do núcleo, sentindo apenas uma fraca atração gravitacional. Basta um pouco mais de energia para ejetar essas regiões exteriores, que se expandirão suavemente para o espaço como um difuso invólucro gasoso, deixando exposto o quente e denso núcleo de carbono-oxigénio da estrela que ficou para trás. É minúsculo (cerca do tamanho da Terra) e é suficientemente quente para parecer branco. É por isso que lhe chamamos anã branca. A anã branca não tem fontes de energia interna, pelo que arrefece lentamente ao longo de milhares de milhões de anos. Por força da tradição, continuamos a chamar estrela a uma anã branca, apesar de ela não estar sujeita a fusões nucleares.

Mas o que é que sustém a anã branca, impedindo um posterior colapso gravitacional? Os eletrões. O *princípio da exclusão de Pauli*, que tem o nome do físico Wolfgang Pauli, estabelece que dois eletrões não podem ocupar o mesmo estado quântico. Em átomos com muitos eletrões, esses eletrões empilham-se em níveis mais elevados de energia quando os níveis mais baixos de energia estão preenchidos. Para as anãs brancas, o princípio da exclusão de Pauli significa que os eletrões não gostam de ser comprimidos em excessiva proximidade, criando um novo tipo de pressão que sustém a anã branca contra a gravidade. O nosso Sol irá terminar a sua vida dessa maneira — como uma anã branca.

Regressemos às estrelas com destinos violentos. As estrelas maiores do que oito vezes a massa do Sol passam por uma série de reações muito mais dramáticas. Há nos seus núcleos massa, pressão e temperatura suficientes para que o carbono e o oxigénio se fundam noutros elementos, como o néon, a sílica e todos os outros da tabela periódica, até ao ferro.

As camadas exteriores dessas estrelas mais maciças tornam-se consideravelmente maiores do que as simples gigantes vermelhas. Tornam-se supergigantes vermelhas.

No céu noturno, algumas estrelas brilhantes são claramente vermelhas a olho nu. As estrelas vermelhas que estão na sequência principal têm uma baixa luminosidade; nenhuma delas é visível a olho nu. Em contraste, todas as brilhantes estrelas vermelhas que vemos no céu são gigantes vermelhas (como Arcturo, na constelação de Boieiro, e Aldebarã, na de Touro) ou supergigantes vermelhas (como Betelgeuse, em Oríon). A Betelgeuse tem um raio cerca de mil vezes maior do que o do Sol, e pelo menos dez vezes a massa deste. No seu núcleo, o hélio está a fundir-se em carbono, oxigénio e em elementos mais pesados.

Continuando a nossa história, se a massa do núcleo da estrela for maior do que 1,4 massas solares, a pressão dos eletrões já não consegue sustê-la contra a gravidade. Comprimidos pela gravidade, os eletrões unem-se com protões para formar neutrões (libertando neutrinos nesse processo). Isto deixa-nos com uma *estrela de neutrões* — que é na verdade um gigantesco núcleo atómico constituído principalmente por neutrões puros. O princípio da exclusão de Pauli é tão válido para os neutrões como para os eletrões, e a pressão dos neutrões daí resultante sustenta agora a estrela contra a gravidade. No entanto, como os neutrões têm quase duas mil vezes a massa dos eletrões, as estrelas de neutrões são minúsculas, tendo uns meros vinte quilómetros de largura: uma estrela de neutrões pode ter uma densidade de quase 10^{15} gramas por centímetro cúbico (ou cem milhões de elefantes por cada embalagem de batom, como descobrimos no Capítulo 1).

Prosseguindo a nossa ascensão, se o núcleo de uma estrela tiver mais do que o dobro da massa do Sol, então a estrela de neutrões que tenta formar-se é instável a ponto de um posterior colapso. A gravidade supera a pressão dos neutrões e nasce um buraco negro. Quer o núcleo se abata para formar uma estrela de neutrões ou para formar um buraco negro, o material que nele cai, composto de elementos mais leves do que o ferro, comprime-se violentamente, suscitando posteriores reações nucleares. A súbita libertação de energia ejeta todo o exterior da estrela, causando a explosão de uma supernova. As estrelas na sequência principal que tenham mais do que cerca de oito vezes a massa do Sol são aquelas que morrem explodindo como supernovas, formando estrelas de neutrões ou buracos negros na sua esteira. As grandes estrelas que explodem chamam-se supernovas de *Tipo II*. As supernovas de *Tipo Ia* envolvem anãs brancas, embora os pormenores de como isso acontece sejam alvo de um acalorado debate. Um dos modelos sugere que a explosão ocorre quando as interações gravitacionais num sistema de estrelas triplas levam duas anãs brancas a colidir. O aquecimento causado pela colisão faz detonar o combustível nuclear de ambas e produz uma supernova. Em alternativa, uma estrela gigante vermelha num sistema binário pode transferir massa para uma estrela anã branca, levando-a para lá do limite (de Chandrasekhar) de 1,4 massas solares. A estrela colapsa então, detonando mais uma vez as suas reservas nucleares para produzir uma supernova.

Em qualquer um destes tipos de explosão de supernova, o gás ejeta-se violentamente para o exterior em todas as direções a uma velocidade de até 10% da velocidade da luz. A estrela é destruída na sua maior parte ou na sua totalidade. Os elementos pesados que foram produzidos no núcleo da estrela são então lançados para o espaço interestelar, prontos a serem incluídos na próxima geração de estrelas e de planetas.

Falemos dessas estrelas — as da próxima geração. A Nebulosa de Oríon é uma maternidade estelar, uma nuvem de gás já enriquecida com elementos mais pesados que foram forjados nos núcleos de uma anterior geração de estrelas moribundas. Nessa constelação, a Nebulosa de Oríon está no fundo da espada de Oríon, pendurada à sua cintura. Mesmo quando vista através de um binóculo, parece acentuadamente difusa e não nítida como uma estrela. A luz ultravioleta proveniente das enormes, brilhantes e recém-nascidas estrelas O e B no centro da nebulosa excitam o gás circundante, levando-o a ganhar fluorescência e a surgir na luz visível. A Nebulosa de Oríon está a gerar ativamente cerca de setecentas estrelas, muitas das quais estão rodeadas por discos de gás e de poeira que poderão acabar por vir a formar planetas.

Outras maternidades estelares geram milhares e milhares de sistemas de estrelas. A nossa galáxia tem cerca de 300 mil milhões de estrelas, e, como veremos no próximo capítulo, muitas delas estão provavelmente rodeadas pelos seus próprios planetas.

Que importância temos nós neste retrato? Cosmicamente, somos insignificantes. O nosso minúsculo planeta orbita uma estrela vulgar numa galáxia cheia de centenas de milhares de milhões de estrelas: uma revelação deprimente para aqueles que prefeririam sentir-se grandes. O problema é que, sempre que se argumenta que somos especiais no cosmos — que estamos no centro, que todo o Universo gira à nossa volta, que somos feitos de ingredientes especiais ou que andamos por cá desde o início —, ficamos a saber que o contrário é que é verdadeiro. Isto foi codificado no *Princípio Coperniciano*: a nossa localização no Universo e o tempo em que vivemos provavelmente não têm nada de especial. O nome vem de Nicolau Copérnico, que em 1543 mostrou que a Terra era apenas um dos vários planetas que orbitavam o Sol e não estava, portanto, no centro do Universo. Na verdade, ocupamos um humilde recanto da galáxia, que ocupa o seu próprio humilde recanto no Universo.

Todos os astrofísicos vivem com essa realidade. Todos deveriam fazer o mesmo.

CAPÍTULO 4

A BUSCA DE VIDA NA GALÁXIA

Neil deGrasse Tyson

E porque estamos vivos, albergamos um interesse especial pela vida no Universo. Numa primeira abordagem, não é irrazoável basear as perguntas sobre a vida no Universo tal como nós a conhecemos — a vida na Terra. Todas as coisas vivas parecem ter um conjunto de propriedades em comum. Primeiro, a vida tal como a conhecemos requer água líquida. Em segundo lugar, a vida consome energia — em termos químicos, temos um metabolismo. E, em terceiro lugar, a vida tem uma maneira de se reproduzir. Irei concentrar-me no primeiro aspeto, porque esse se submete com facilidade aos métodos e instrumentos da astrofísica. Tudo o que precisamos de fazer é explorar outros mundos em busca de água líquida. Desde a história dos Três Ursinhos que ficámos a saber (e concordámos) que as coisas podem estar demasiado quentes, demasiado frias ou como deve ser. Pensemos no Sol. Sabemos que irradia energia; quanto mais perto do Sol estivermos, mais quentes ficam as coisas, e quanto mais nos afastarmos dele, mais as coisas arrefecem. Se a vida requer água em estado líquido, e se estivermos demasiado perto do Sol, a água evapora-se e ficamos com vapor. Demasiado longe? Ela congela e ficamos com gelo. Isso leva-nos a concluir que existe uma faixa orbital — uma zona — em que um planeta deve suster água líquida. Os astrobiólogos chamaram-lhe a *zona habitável.* Todas as estrelas têm zonas habitáveis, e, dependendo das luminosidades delas, as zonas habitáveis de diferentes estrelas terão diferentes dimensões, o que nos dá algo em que pensar. O astrofísico Frank Drake formalizou este conceito para a vida inteligente além da Terra e construiu aquilo a que chamamos agora a *equação de Drake.* Não é tanto uma equação, mas mais uma maneira de organizar o conhecimento (ou a ignorância) que temos do assunto. Portanto, passemos a desenvolver esta equação e a fazer uma previsão, ou pelo menos a compreender as fontes da nossa ignorância.

Baseados em tudo o que sabemos acerca da vida, pensamos que a vida necessita de um planeta que orbite uma estrela. E, recordando que a vida na Terra evolui vagarosamente, precisamos de milhares de milhões de anos de evolução para produzir vida inteligente. A estrela tem de estar viva há muito tempo. Mas nem todas as estrelas vivem muito. As nossas maiores estrelas morrem ao fim de dez milhões de anos, ou menos — não há grande esperança de vida inteligente num planeta que rodeie essas estrelas, se o que aconteceu na Terra servir de indicativo. Precisamos de uma estrela que tenha vivido muito e de um planeta que esteja na zona habitável dessa estrela.

Se quisermos conversar com seres de um planeta que possa ter vida, não basta que ele tenha apenas vida. Essa vida tem de ser inteligente. Na verdade, precisamos de mais do que isso. Isaac Newton era inteligente, mas não se podia ter uma conversa com ele através da galáxia. O que lhe faltava nessa época era tecnologia que lhe permitisse enviar sinais a grandes distâncias no espaço. A vida inteligente que procuramos tem de ser tecnologicamente proficiente na época em que a observamos. Por outras palavras, se ela estiver a mil anos-luz de distância, deve ter sido tecnologicamente proficiente e deve ter transmitido sinais pelo espaço na nossa direção há exatamente mil anos, para que esse sinal nos alcance agora. Ora, imaginemos que a tecnologia contém as sementes da sua própria destruição. Suponhamos que a tecnologia nas mãos de pessoas ignorantes e irresponsáveis permite que nos destruamos a nós próprios de forma mais eficiente do que por via de uma qualquer catástrofe natural. Quanto tempo demorará até que extingamos a nossa civilização? Poderão ser apenas cem anos. Portanto, se andarmos à procura na galáxia, precisamos de ter sorte suficiente para ver outro planeta durante essa fatia de cem anos na história de cinco mil milhões de anos desse planeta que orbita a sua estrela, o que torna francamente exígua a probabilidade de encontrarmos um correspondente cósmico.

Frank Drake pegou em todos estes elementos e inscreveu-os na sua equação. Com isso, formou um ponto de partida para a busca de inteligência extraterrestre, conhecida como SETI (*Search for Extraterrestrial Intelligence*). Ele pretendia calcular o número de civilizações comunicantes na galáxia que poderíamos ouvir a partir de agora: N_c. Para lá chegar, introduziu uma série de frações numa equação, em que cada termo representa uma estimativa discreta baseada na astrofísica moderna:

$$N_c = N_s \times f_{HP} \times f_L \times f_i \times f_c \times (L_c/\text{idade da galáxia}),$$

em que

N_c = número de civilizações comunicantes que podemos observar presentemente na galáxia;

N_s = número de estrelas na galáxia;

f_{HP} = fração de estrelas que se adequam a ter um planeta na zona habitável;

f_L = fração desses planetas em que a vida se desenvolve;

f_i = fração com vida que desenvolve vida inteligente;

f_c = fração com vida inteligente que desenvolve tecnologia para comunicar a distâncias interestelares;

L_c = prazo de vida médio das civilizações comunicantes.

Comecemos pelo número de estrelas da Via Láctea, cerca de 300 mil milhões. Como nem todas as estrelas da galáxia seriam adequadas, temos de o multiplicar pela fração de estrelas que já têm uma vida longa (suficientemente longa para desenvolver vida inteligente) e que também têm um planeta na zona habitável (f_{HP}). Isto reduz o número total que nos está disponível, dentro do qual podemos procurar vida inteligente. Até à data desta publicação, após esforços heroicos a vigiar mais de 150 mil estrelas, confirmámos a existência de mais de quatro mil exoplanetas. Em 1994, esse número era zero.

As estrelas com planetas acabam por ser comuns, e muitas estrelas têm múltiplos planetas. Entre as estrelas com planetas, queremos descobrir as que têm um planeta feliz na zona habitável. Podemos descobrir exoplanetas pela atração gravitacional que exercem sobre as suas estrelas e que causa uma agitação observável na velocidade radial da estrela. Os planetas situados mais perto dela exercem maior atração, causando uma maior agitação, o que torna relativamente fácil encontrar planetas próximos das suas estrelas. Mas tais planetas serão demasiado quentes para terem água em estado líquido — não são esses que queremos para a equação de Drake. O maior levantamento de exoplanetas feito até à data foi conduzido pelo satélite *Kepler*, da NASA, cujo nome provém de Johannes Kepler, cuja obra sobre as órbitas dos planetas inspirou Newton a desenvolver a sua lei da gravidade. O *Kepler* (o satélite) descobriu planetas medindo o ligeiro obscurecimento que ocorre na estrela quando o planeta passa diretamente entre essa estrela e a nossa linha de visão. Chamos a isso um *trânsito*. O raio de Júpiter é 10% do raio do Sol. A sua área de corte transversal (πr^2) é 1% da área do Sol. Quando um planeta com a dimensão de Júpiter transita à frente de uma estrela como o Sol, causa uma quebra temporária de 1% na luz dessa estrela. Um planeta com a dimensão da Terra, cujo raio corresponde a 1% do raio do Sol, causará apenas uma quebra de 0,01% na luz de uma estrela como o Sol (ver Figura 1). O satélite *Kepler* foi concebido no seu limite para, em princípio, ser suficientemente sensível para detetar uma tal diminuição na luz de uma estrela, uma vez que a sua principal missão era procurar planetas semelhantes à Terra. Na verdade, o *Kepler* encontrou muitos planetas mais pequenos, até com dimensões comparáveis à da Terra; a maioria das deteções do *Kepler* eram de planetas da dimensão de Júpiter ou de Neptuno, que não são adequados à vida tal como a conhecemos.

Os trânsitos têm maior probabilidade de ocorrer quando o planeta orbita perto da sua estrela anfitriã, e por isso quase todos os planetas descobertos pelo *Kepler* são demasiado quentes para suportar a vida. Se o planeta estiver suficientemente distante para ter uma temperatura habitável, a sua órbita tem de se alinhar perfeitamente para que nós o vejamos em trânsito, e como o seu período orbital é mais longo, ele efetua menos trânsitos enquanto o *Kepler* está a olhar, diminuindo as nossas hipóteses de o encontrar. O satélite *Kepler* descobriu apenas cerca de dez exoplanetas confirmados com entre 1 e 2 diâmetros da Terra e iluminados por uma quantidade de radiação da sua estrela situada dentro de um fator de 4 daquela que a Terra recebe do Sol. Este número é baixo simplesmente porque estes planetas são mais difíceis de encontrar usando a técnica do trânsito, embora uma nova missão da NASA, o Satélite de Recenseamento de Exoplanetas em Trânsito [*Transiting Exoplanet Survey Satellite* – TESS] esteja a encontrar mais.

Apesar destes desafios, um prometedor candidato do *Kepler* é o «Kepler 62e», um de cinco planetas que orbitam uma estrela K situada a cerca de mil anos-luz de nós. A temperatura de superfície dessa estrela é de 4900 K. O planeta Kepler 62e tem um raio 1,61 vezes maior do que o da Terra e recebe apenas 20% mais energia por metro quadrado vinda da sua estrela do que a Terra recebe do Sol. E está na zona habitável. Este planeta enquadra-se em muitos dos nossos critérios para busca de vida. O Kepler 62e tanto pode ser um planeta rochoso como um planeta gelado cuja superfície esteja coberta por um oceano profundo. O sistema multiplanetário do Kepler 62e é aproximadamente 2,5 mil milhões de anos mais velho do que o nosso sistema solar.

Que fração de estrelas (f_{HP}) se adequa a ter um planeta na zona habitável? As estrelas G, como o Sol, constituem perto de 8% das estrelas da Via Láctea. Sabemos que são boas para a vida, porque o Sol é uma delas. Como já se notou, as estrelas muito mais luminosas do que o Sol esgotam o seu combustível demasiado depressa para que os seus planetas tenham tempo de desenvolver vida complexa e inteligente, algo que exigiu milhares de milhões de anos na Terra. As mais ténues estrelas K e M viveram ainda mais do que o Sol, pelo que cumprem esse requisito à saciedade.

Mas as estrelas M da sequência principal têm tão baixa luminosidade que, para estar na zona habitável, o planeta teria de estar tão próximo da estrela M para se manter quente que ficaria *gravitacionalmente trancado*, com uma face sempre apontada para a estrela. As forças gravitacionais são tanto mais fortes quanto mais próximas estiverem. Essas forças obrigam o planeta a assumir uma forma ligeiramente elipsoidal, e a sua rotação abranda até que a forma elipsoidal fique trancada, apontada na direção da sua estrela. (É o que acontece com a nossa Lua, que tem uma face sempre apontada para a Terra, precisamente devido a esse efeito.) O planeta não se importa com isso, mas qualquer vida na sua superfície poderá importar-se: o lado do planeta que está constantemente de frente para a estrela M seria demasiado quente, ao passo que o outro lado seria demasiado frio. Uma atmosfera semelhante à da Terra congelaria no lado frio. A atmosfera do lado quente expandir-se-ia para o lado frio e também congelaria, num processo incontrolável. Finalmente, toda a atmosfera acabaria por ficar congelada no lado frio, terminando com as hipóteses de vida. A única esperança de vida no planeta é que tenha uma atmosfera muito espessa em que o ar circule, reduzindo a extrema variação de temperatura de um lado para o outro. Uma tal atmosfera teria uma muito alta pressão na sua superfície. Além disso, as estrelas M têm muito mais explosões à superfície — fulgores — do que estrelas como o Sol, o que poderia revelar-se fatal. Tais coisas poderão não tornar a vida impossível, mas tornam efetivamente mais difícil que a vida evolua.

Por estas razões, as estrelas G e K são as melhores candidatas e constituem uns respeitáveis 20% de todas as estrelas na Via Láctea. Dadas tais estrelas, quais são as hipóteses de se encontrar um planeta na sua zona habitável? Após ajustamento para seleção de efeitos de observação, os dados do satélite *Kepler* dizem-nos que cerca de 10% das estrelas de tipo solar (G e K) têm um planeta semelhante à Terra com uma dimensão até cerca do dobro da terrestre, que recebe energia estelar a uma taxa entre ¼ e quatro vezes aquela que a Terra recebe. E se, mais uma vez de acordo com os dados do *Kepler*, cerca de 45% desses planetas se encontram na gama de raios que precisam de ter para serem habitáveis (tendo água líquida na sua superfície) dada a sua refletividade e efeito de estufa, então teremos a fração $f_{HP} = 20\% \times 10\% \times 45\% = 0{,}2 \times 0{,}1 \times 0{,}45 = 0{,}009$.

Mas um planeta também tem de satisfazer outros critérios. Tem de possuir uma atmosfera razoável. A órbita do planeta não pode ser demasiado elíptica — pois isso deslocá-lo-ia alternadamente para muito longe e para muito perto da nossa estrela, levando a água desse planeta à fervura ou ao congelamento. Felizmente, a maioria dos planetas semelhantes à Terra que foram descobertos pelo satélite *Kepler* têm órbitas quase circulares. Muitas vezes aparecem em sistemas multiplanetários, onde as interações orbitais entre os planetas tendem a circular as órbitas ao longo do tempo. Os planetas acomodam-se em órbitas que se mantêm distantes umas das outras.

Os investigadores presumiram, em tempos, que os sistemas binários de estrelas não teriam quaisquer planetas. Uma vez que mais de metade das estrelas na galáxia está em sistemas binários, isso reduziria a nossa fração de candidatos num fator de 2. Mas o *Kepler* encontrou-os a orbitar longe de ambas as estrelas.

São três fatores adicionais — atmosfera, dificuldades de órbitas não-circulares e perturbações binárias —, e cada um deles baixa a probabilidade de uma estrela ter um planeta numa zona habitável, mas, combinados, provavelmente não fazem diminuir f_{HP} por um fator de mais de 2. Por isso, limitemo-nos a baixar um pouco f_{HP} de 0,009 para $f_{HP} \sim 0{,}006$.

Quando Drake escreveu pela primeira vez a sua equação nos anos 1960, ainda não tínhamos descoberto planetas que orbitassem outras estrelas. Por isso f_{HP} estava simplesmente aberta a interpretações. Mas agora dispomos de dados para refinar as nossas estimativas, e é precisamente assim que a equação deve funcionar.

O resultado $f_{HP} \sim 0{,}006$ dá-nos grandes possibilidades. A estrela mais próxima está a quatro anos-luz de distância. Mas vamos dez vezes mais longe, até 40 anos-luz. Essa esfera com 40 anos-luz de raio terá mil vezes mais volume do que uma esfera com quatro anos-luz de raio, e no interior dessa esfera encontraremos cerca de mil estrelas. Com $f_{HP} \sim 0{,}006$, seria de esperar, em média, que encontrássemos pelo menos seis planetas habitáveis dentro desse raio. Sim, dentro da nossa bolha de 40 anos-luz à volta do Sol esperamos encontrar um planeta habitável que orbite outra estrela! Isto significa que os episódios televisivos da primeira temporada de *O Caminho das Estrelas*, que vogam para o exterior à velocidade da luz como sinais de televisão, provavelmente já atingiram um outro planeta habitável que tenha água líquida na sua superfície.

Com a imagem brilhante da estrela bloqueada por um disco especial de ocultação, que foi concebido de modo que minimizasse os efeitos transbordantes da luz estelar difundida, um telescópio espacial de 12 metros de diâmetro conseguiria, em princípio, detetar um planeta semelhante à Terra orbitando uma estrela a 40 anos-luz de distância. O telescópio espacial *James Webb* tem um espelho segmentado com 6,5 metros de diâmetro. A próxima geração de telescópios espaciais que se seguir a essa poderá ser capaz de encontrar e retratar um planeta semelhante à Terra na zona habitável até uma distância de 40 anos-luz. O planeta poderá ser verde. Poderá ter vegetação. Poderá ser azul. Poderá ter oceanos. Poderíamos observar o espetro da sua atmosfera e determinar que oxigénio há lá — uma espécie de biomarcador, um subproduto da fotossíntese e de outras reações químicas que podem revelar a existência de vida.

Se multiplicarmos o número de estrelas na galáxia (300 mil milhões) por f_{HP} (0,006) e ficarmos por aí, temos o número de planetas numa zona habitável: 1,8 mil milhões. O que é uma enormidade. Mas nem todos têm interesse para nós. Daqueles que estão na zona habitável, nós procuramos especificamente pela fração f_L dos que têm vida. Mas não uma vida qualquer — vida inteligente. Qual a fração f_i desses planetas com vida em que evolui vida inteligente? E qual é a fração f_c daqueles que desenvolvem uma tecnologia capaz de comunicar através de distâncias interestelares?

O último termo na equação de Drake é a fração dessas civilizações que estão a comunicar na época em que agora as observamos. Essa é a fração de tempo durante a idade da galáxia em que elas estão «ligadas». Se procurarmos ao acaso pela Via Láctea, atingiremos alguns planetas que acabaram de nascer, outros que vão na meia-idade e outros que chegaram a velhos. A hipótese de apanharmos um planeta durante a sua fase comunicante nalgum momento aleatório durante a vida da galáxia é igual à longevidade média das civilizações com radiotransmissão dividida pela idade da galáxia. Isto também é uma fração. A nossa última fração. Se multiplicarmos todas estas frações, vezes a nossa quantidade original de estrelas, chegamos a N_c, o número de civilizações na galáxia a partir das quais podemos receber comunicações — agora.

E é aí que estão as sementes da equação de Drake.

Também descobrimos uma falha no argumento da zona habitável. Europa, uma lua de Júpiter, tem um oceano de água líquida com 80 quilómetros de profundidade coberto por uma camada de gelo com dez quilómetros de espessura. Contudo, Europa está bastante fora da zona habitável do Sol. Como é que ela ficou suficientemente quente para ter um tão extenso oceano de água líquida? Ela orbita Júpiter com três outras grandes luas que perturbam gravitacionalmente a sua órbita, levando-a por vezes até um pouco mais perto de Júpiter e por vezes empurrando-a para mais longe. Quando Europa está perto de Júpiter, as forças gravitacionais de Júpiter comprimem a pobre lua numa forma mais oblonga. Quando Europa está mais distante, descontrai-se numa forma mais esférica. Esse constante amassar de Europa bombeia calor nela, derretendo o gelo interior e sustendo um oceano líquido. Alguém terá de gastar dinheiro e enviar uma sonda para Europa que abra caminho furando ou derretendo a camada de gelo até ao oceano mais abaixo e tente pescar alguma coisa no gelo. Só para ver se se pesca alguma coisa. Se encontrarmos formas de vida em Europa, poderemos ter de vir a chamar-lhes «Europeus»!

Encélado, a lua de Saturno que é aquecida gravitacionalmente, também alberga um oceano sob uma camada de gelo. Portanto, se havíamos calculado a fração f_{HP} contando apenas planetas diretamente aquecidos pelas suas estrelas, está a escapar-nos toda uma categoria de planetas com água líquida e devemos aumentar essa fração de alguma maneira sensata de forma que se incluam luas aquecidas gravitacionalmente, como Europa e Encélado, que vivem muito fora da zona habitável. Por outras palavras, devemos ampliar o nosso conceito do que significa uma zona habitável.

Que fração destes lugares habitáveis tem vida? O que é f_L? A nossa única medida para isso — os nossos únicos dados — vem da Terra. Os biólogos gabam-se da diversidade da vida na Terra. Mas eu suspeito que, se encontrássemos um extraterrestre, esse extraterrestre se iria diferenciar mais da vida na Terra do que quaisquer duas espécies da Terra diferem entre si.

Quão diversos somos nós aqui na Terra? Alinhemos todos — é um autêntico jardim zoológico. Bactérias minúsculas aqui, vírus ainda mais pequenos acolá, uma alforreca, uma lagosta, um urso polar. Imaginemos que nunca estivemos na Terra e que, após a visita, alguém diz freneticamente: «Acabei de ver uma forma de vida exótica. Deteta a sua presa usando raios infravermelhos. Não tem braços nem pernas, e apesar disso é um predador mortal que persegue as suas presas. Sabem que mais? Consegue comer criaturas cinco vezes maiores do que a sua cabeça.» E logo lhe respondem: «Deixa-te de tretas.» Mas o que acabei eu de descrever? Uma cobra. Uma cobra não tem braços nem pernas e, apesar disso, leva uma bela vida — para uma cobra —, esticando as suas mandíbulas e comendo coisas maiores do que a sua cabeça.

E que mais? Carvalhos e pessoas. A questão é que toda esta diversidade partilha um planeta. E todos temos ADN em comum, quer isso nos agrade ou não. Estamos todos ligados, química e biologicamente.

A Terra tem agora cerca de 4,6 mil milhões de anos. No princípio do sistema solar, os detritos que restaram da época da formação devastaram todas as superfícies planetárias, porque continuavam a chover grandes pedras e bolas de gelo, depositando enormes quantidades de energia. A energia cinética foi convertida em calor, liquefazendo a superfície da Terra, esterilizando-a. A coisa continuou durante cerca de 600 milhões de anos. Se quisermos ver com que rapidez se formou a vida, não comecemos há 4,6 mil milhões de anos. Em vez disso, comecemos há quatro mil milhões de anos, quando a superfície da Terra arrefeceu o suficiente para suster água no estado líquido e permitir que se formassem moléculas complexas. Duzentos milhões de anos depois, veremos os primeiros sinais de vida na Terra — cianobactérias, há 3,8 mil milhões de anos. A fração de planetas na zona habitável ao redor de estrelas que vivem há muito e que possam ter vida está a mostrar muito bom aspeto, porque, dadas as probabilidades, o nosso planeta afinal só demorou uma pequena percentagem do tempo total disponível para gerar vida. Ainda não sabemos exatamente como isso aconteceu — continua a ser uma fronteira da investigação biológica —, mas as melhores pessoas estão a trabalhar no assunto. Se a geração de vida fosse algo demorado e difícil de conseguir para a natureza, talvez a vida tivesse demorado mil milhões, ou vários milhares de milhões de anos, a acontecer na Terra. Mas não. Bastaram umas centenas de milhões de anos, o que nos dá confiança em que essa fração f_L da equação de Drake possa ser bastante elevada, talvez próxima de 1.

Como é evidente, estamos a limitar-nos à vida tal como a conhecemos. Em certos círculos, essa referência é conhecida pelo seu acrónimo, LAWKI (*Life As We Know It*). Não conhecemos simplesmente outra maneira de pensar no problema com confiança. Poderíamos escrever sobre a vida tal como *não* a conhecemos. Mas por onde começar? Talvez eles tenham duas bocas e sejam feitos de plutónio. Talvez a vida por lá seja como não a conhecemos, mas nós não consigamos encontrar maneira de fazer as perguntas certas. É uma questão prática, não filosófica. Temos um exemplo de vida tal como a conhecemos, que somos nós — é um exemplo de um, mas é uma prova de existência. Tentamos provar que algo existe e temos um exemplo dessa coisa a olhar para nós no ecrã do telemóvel. A prova já ali está. Portanto, comecemos com isso e trabalhemos a partir daí. Sabemos também que somos feitos de átomos que são comuns no Universo.

Num episódio de *O Caminho das Estrelas*, a série de televisão original, a tripulação da nave *Enterprise* encontra uma forma de vida que é baseada em silicone e não em carbono. Nós somos vida baseada em carbono, mas o silicone também é comum no Universo. Nesse episódio, a criatura de silicone era basicamente uma pilha atarracada de rochas que estava viva e estremecia quando se movia. Foi um belo momento criativo. Os autores de *O Caminho das Estrelas* estavam a tentar alargar o paradigma: que tipo de vida iria a tripulação encontrar na galáxia? Afinal, o silicone está logo abaixo do carbono na tabela periódica. Talvez recordemos das aulas de química que todos os elementos na mesma coluna têm estruturas orbitais exteriores semelhantes nos seus eletrões. E se têm estruturas orbitais semelhantes, podem ligar-se de forma semelhante com outros elementos. Se sabemos que essa vida baseada no carbono existe, porque não imaginar uma vida baseada no silicone? Em princípio, nada nos impede. Mas, na prática, o carbono é cerca de dez vezes mais abundante do que o silicone no Universo. Além disso, muitas moléculas baseadas em silicone permanecem estreitamente unidas, o que as torna atores relutantes no mundo da química experimental que é a vida. À temperatura ambiente, o dióxido de carbono é um gás, ao passo que o dióxido de silicone é um sólido (areia). Até descobrimos no espaço interestelar longas e complexas cadeias de moléculas baseadas em carbono, como H-C≡C-C≡C-C≡C-C≡N (com as suas alternadas ligações simples e triplas). Temos acetona, $(CH_3)_2CO$; benzeno, C_6H_6; ácido acético, CH_3COOH; e muitas outras moléculas baseadas no carbono que andam simplesmente a flutuar no espaço interestelar. As nuvens de gás forjaram essas moléculas por si mesmas. Também vemos algumas dessas moléculas em cometas; por exemplo, o cometa *Lovejoy* (2014) ia a soltar álcool etílico quando passou perto do Sol. O silicone não sustenta moléculas tão longas e complexas, e por isso desfruta de uma química menos interessante do que a do carbono. Se quisermos basear a vida numa química que seja fértil, o carbono é o nosso elemento. Não há dúvidas quanto a isso. Sejam quais forem as formas de vida que povoam a galáxia, mesmo que não nos assemelhemos, é uma boa aposta que a nossa química há de ser semelhante, somente por causa da abundância de carbono em todo o cosmos e das suas propriedades de ligação.

A Terra é o nosso exemplo de vida que se formou no sistema solar, por isso tomemos uma $(f_L) \sim 0{,}5$. Está a meio caminho entre 0 e 1, não é coisa certa — uma probabilidade de 50/50. O que se segue? A fração de planetas que orbitam estrelas de longa vida na zona habitável e que tenham vida, *mas também tenham inteligência*. Isso não parece muito bom.

Mas seja qual for o esquema que concebamos para medir a inteligência na Terra, os humanos tendem a situar-se no topo. Um cérebro grande parece ter importância, e nós temos cérebros grandes, mas os elefantes e as baleias têm cérebros ainda maiores; por isso talvez não se trate apenas de grandes cérebros. Talvez seja uma relação proporcional. Comparados com os nossos corpos, os humanos têm os cérebros maiores do que qualquer animal do reino animal. Nós é que fazemos as regras aqui, por isso conseguimos pôr-nos no topo. Mas talvez a nossa presunção nos impeça de pensar nisso de outra maneira. Vamos estabelecer que somos inteligentes e vamos definir a inteligência como, por exemplo, a capacidade de uma espécie de fazer cálculos algébricos. Se a inteligência, que nós reclamamos ter, for definida desse modo, então somos a única espécie inteligente da Terra. Tem de se gostar dos golfinhos, mas suponho que eles não façam álgebra subaquática, por mais complexo e ponderado que o seu comportamento pareça ser. Nenhuma outra espécie na história do mundo, além da nossa, alguma vez fez álgebra, por isso devemos ser inteligentes. Para efeitos desta conversa, vamos defini-la assim. Suponhamos que procuramos vida com a qual possamos ter uma conversa. Não recorreríamos à língua inglesa, mas a alguma linguagem que presumíssemos ser cósmica: essa seria a linguagem da ciência, a linguagem da matemática.

Se a inteligência fosse importante para a sobrevivência da espécie, não vos parece que ela teria aparecido mais frequentemente no registo fóssil? Não apareceu. Só porque dispomos dela, tal não a transforma em algo que seja realmente importante para a sobrevivência. Sabem, depois da próxima catástrofe global, as baratas provavelmente vão continuar por cá, tal como os ratos, e nós estaremos extintos. Os nossos cérebros ter-nos-ão então servido para muito.

Ora, talvez a nossa inteligência nos dê a possibilidade de alterar esse destino. Há um desenho de Frank Cotham na revista *New Yorker* que mostra dois enormes dinossauros a passear, e um deles diz para o outro: «O que eu estou a dizer é que *agora* é a altura de desenvolver a tecnologia para desviar um asteroide.» Entretanto, como ficámos a saber, um asteroide dirige-se para a Terra a fim de os eliminar — de vez. Talvez possamos usar a nossa inteligência para prolongar a esperança natural de vida da nossa espécie, indo para o espaço e afastando os asteroides do caminho antes que eles nos destruam — se estivermos dispostos a dar à NASA dinheiro para que o faça. Mas não é essa a única ameaça. Também existe a ameaça das doenças emergentes imprevistas. Vejam o que aconteceu aos ulmeiros na América. Na Nova Inglaterra, a maioria foi morta por um fungo transportado pelo escaravelho da casca do ulmeiro. Imaginemos que uma coisa dessas chegava aqui e nos atacava. Um novo e virulento vírus da gripe poderia ser tudo o que bastaria para nos arrumar a todos — algo tão contagioso como a covid-19, mas muito mais fatal.

A inteligência não é garantia de sobrevivência. A visão, porém, parece ser bastante importante. Os órgãos da visão evoluíram por seleção natural em muitas espécies diferentes de animais. Estruturalmente, o olho humano nada tem em comum com o olho de uma mosca, que estruturalmente nada tem em comum com o olho de uma vieira. Embora pareça haver somente um gene primordial para fazer olhos, esses diferentes tipos de olhos surgiram ao longo de diferentes caminhos da evolução. E quanto à locomoção, termos uma maneira de nos deslocar? Os áceres não têm pernas com que possam correr, mas têm sementes com pequenas asas para que o vento as possa espalhar por toda a parte. A locomoção parece ser importante, porque vemos acontecer todos os tipos de maneiras de a fazer: as cobras deslizam, as lagostas caminham, as alforrecas usam propulsão a jato, as bactérias usam flagelos. Muitos insetos voam, tal como a maioria das aves. As pessoas caminham, correm, nadam e andam em carros, comboios, barcos, aviões e foguetões espaciais, pelo que realmente sabemos circular por aí. Mas continuamos a ser os únicos seres vivos na Terra que fazem cálculos algébricos, o que não me dá grande confiança em que a inteligência seja uma consequência inevitável da árvore da vida. O biólogo evolucionário Stephen Jay Gould expressou opiniões semelhantes. Tudo isto sugere que a fração f_i poderá ser pequena. Para o indicar, digamos que $f_i < 0,1$, entendendo que pode ser muito inferior.

Tendo evoluído a inteligência, talvez a tecnologia se torne inevitável. Poderia tomar-se: $f_c \sim 1$. Consegue-se fazer álgebra, tem-se um cérebro curioso, pretende-se tornar a vida mais fácil, quer-se ter férias, quer-se ver a Netflix, e assim por diante. Com tais motivações, a fração de seres inteligentes que criam tecnologia pode ser elevada. Afinal, a única espécie que conhecemos que é capaz de fazer álgebra desenvolveu efetivamente tecnologia para comunicar através de distâncias interestelares. Mas se a tecnologia contém as sementes da sua própria ruína (por exemplo, a invenção de maneiras cada vez mais refinadas de nos matarmos uns aos outros e de destruir o nosso planeta), então a duração da nossa cultura tecnológica e comunicante poderá ser uma pequena fração da idade da galáxia. Como veremos no último capítulo, Rich tem um argumento que sugere que a longevidade média das civilizações capazes de transmissão por rádio é provavelmente inferior a 12 mil anos. Se os dividirmos pela idade da galáxia (~10 mil milhões de anos), é uma ínfima fração.

Só por diversão, e compreendendo quão incertos são alguns destes termos, usemos na equação de Drake os números que discutimos e consumemos os cálculos:

$$N_c = N_s \times f_{HP} \times f_L \times f_i \times f_c \times (L_c/\text{idade da galáxia}).$$

$$N_c = 300 \text{ mil milhões} \times (0{,}006) \times (0{,}5) \times (<0{,}1) \times 1 \times (<12\,000 \text{ anos}/10 \text{ mil milhões de anos})$$

$$N_c = <108.$$

Assim, podemos esperar encontrar na galáxia, neste momento, *até* cerca de cem civilizações que comuniquem por ondas rádio. Os nossos maiores radiotelescópios conseguem detetar versões de si próprios — os seus homólogos extraterrestres — por toda a galáxia. Por isso, temos uma possibilidade. Ainda há pouco começámos a procurar.

Além disso, há cerca de 50 milhões de outras galáxias como a nossa até 2,5 mil milhões de anos-luz de distância. A maioria das galáxias desse grupo tem pelo menos dez mil milhões de anos na época em que estamos a vê-las — até há cerca de 2,5 mil milhões de anos. Se a Terra for uma medida das coisas, isso é imenso tempo para que a vida inteligente se tenha desenvolvido no interior delas, caso se desenvolvesse de todo. O que multiplica aquele número por 50 milhões, dando-nos possivelmente *até* cinco mil milhões de civilizações extragaláticas com emissões de ondas de rádio. Mas essas galáxias distantes estão muito longe, o que faz com que os sinais de algumas dessas civilizações sejam ténues quando comparados com os da nossa própria galáxia. É por isso que as pessoas normalmente consideram procurar civilizações extraterrestres somente na Via Láctea.

Ainda assim, a busca de civilizações extragalácticas também devia ser empreendida.

Finalmente, algumas advertências a propósito da equação de Drake. A zona habitável pode ser ainda mais estreita do que indicam as simples estimativas. Se a Terra estivesse mais afastada do que está, seria mais fria e formaria mais gelo polar; a refletividade da superfície da Terra iria aumentar, reduzindo a absorção de energia solar, e a Terra ficaria ainda mais fria. Poderia suscitar uma imparável era do gelo. Se colocássemos a Terra mais perto do Sol, o gelo iria derreter-se, a refletividade iria diminuir e a Terra ficaria ainda mais quente. O metano contido na turfa seria libertado, aumentando ainda mais o efeito de estufa.

O Sol está a ficar mais quente, dado que evolui ao longo de milhares de milhões de anos. Para compensar, os efeitos de estufa terão de diminuir, ou a refletividade terá de aumentar, para que nos mantenhamos na gama de temperaturas em que toda a civilização se baseia. Se uma estrela aumentar em luminosidade ao longo de milhares de milhões de anos, a zona habitável passará a situar-se mais longe, e um planeta terá de permanecer na zona habitável por tempo suficiente para que a vida inteligente se desenvolva.

A própria vida pode afetar esse equilíbrio. Se a estrela for uma estrela M da sequência principal, e se não evoluir muito em dez mil milhões de anos, o planeta poderá ser habitável por vida simples ao princípio, mas quando essa vida transformar a sua atmosfera de dióxido de carbono (CO_2) numa atmosfera rica em oxigénio, como nós fizemos, o efeito de estufa irá diminuir, remetendo-o porventura para uma permanente idade do gelo. Essa é outra razão pela qual as estrelas M poderão não ser ideais para formar vida inteligente.

A vida pode afetar a zona habitável de outras maneiras. O dióxido de carbono presente na atmosfera pode ser capturado sob a forma de carbonato de cálcio nas conchas de animais marinhos e depositado em rochas sedimentares (calcário) quando eles morrem, diminuindo assim o efeito de estufa. O vulcanismo (atividade vulcânica) pode bombear CO_2 para a atmosfera, aumentando o efeito de estufa. E, evidentemente, formas de vida como as dos humanos podem escavar por combustíveis fósseis há muito enterrados, como o petróleo e o carvão, provenientes de antigos organismos, e queimá-los, bombeando mais CO_2 para atmosfera. As estimativas da zona habitável para um dado planeta, portanto, dependem intimamente da sua geologia, climatologia, biologia, e até da sabedoria das suas espécies.

CAPÍTULO 5

A NOSSA VIA LÁCTEA E O SEU BURACO NEGRO SUPERMACIÇO

Michael A. Strauss

A maioria das estrelas que conseguimos ver a olho nu está a dezenas, centenas ou milhares de anos-luz de distância. Contornando o céu, há uma ténue faixa de luz a que chamamos a Via Láctea — e que é visível se estivermos longe das luzes urbanas. Galileu foi o primeiro a apontar um telescópio para a Via Láctea e a propor a noção fundamental de que a Via Láctea é composta de miríades de estrelas individuais.

Em 1785, William Herschel (que também descobriu Úrano) contou o número de estrelas visíveis em diferentes direções através do seu telescópio para criar um mapa da galáxia Via Láctea. Concluiu que a Via Láctea tinha a forma de uma lente achatada, e que nós estávamos situados perto do centro.

Harlow Shapley, professor em Harvard, adotou uma abordagem diferente. Salpicados ao redor da Via Láctea, há cerca de 150 agregados globulares, cada um com aglomerações de até um milhão de estrelas. Em 1918, Shapley conseguiu calcular as distâncias para os agregados globulares e mapear assim as suas posições em três dimensões. Shapley descobriu que o centro desse enxame de agregados globulares estava (para usarmos o valor moderno) a cerca de 25 mil anos-luz do Sol. O Sol estava definitivamente fora do centro.

A Via Láctea é um disco achatado de estrelas com cerca de 100 mil anos-luz de uma ponta à outra, cujo centro está a 25 mil anos--luz do Sol. Estas escalas são enormes: um ano-luz são 10 biliões de quilómetros, pelo que um diâmetro de 100 mil anos-luz parece incompreensivelmente grande. As estrelas mais próximas estão a cerca de 4 anos-luz de distância, ou seja, 4×10^{13} quilómetros. Teriam de se colocar trinta milhões de sóis lado a lado para se chegar do nosso Sol à estrela mais próxima. As estrelas são uns pontos minúsculos, quando comparadas com as distâncias entre si.

Em comparação com a sua largura, a Via Láctea é altamente achatada, tendo apenas cerca de mil anos-luz de espessura. A constelação de Sagitário situa-se na direção do centro da galáxia. Com a poeira do meio interestelar concentrada neste disco da Via Láctea, o centro da Via Láctea está fortemente encoberto por ela, o que obscurece a nossa visão. Essa poeira foi responsável pela conclusão incorreta de Herschel de que estamos situados no centro da Via Láctea. Ele não estava ciente de que tinham ficado por contar as estrelas que se ocultavam por trás de cortinas de poeira em certas direções. O Sol está no disco da Via Láctea, mas se olharmos para cima e para baixo — em direções que se afastam do disco, como Shapley fez com os agregados globulares —, há pouca obscuridade devida à poeira, e obtemos uma visão nítida, não apenas desses agregados globulares, mas do Universo que está além da nossa galáxia.

A Terra e o nosso Sol situam-se perto do plano médio da Via Láctea. Como as estrelas da Via Láctea também estão altamente concentradas nesse disco achatado, vemos a concentração mais elevada de estrelas numa faixa que se estende num círculo completo ao redor da esfera celestial. Apenas conseguimos ver parte desse círculo completo acima do horizonte em qualquer momento; o restante está sob os nossos pés, e a nossa visão dele é bloqueada pela própria Terra. No hemisfério norte, obtemos a melhor visão dessa parte da Via Láctea que está na direção mais distante do centro da nossa galáxia. Como a Terra e o Sol se situam longe do centro, há relativamente poucas estrelas da Via Láctea nessa direção, e obtemos uma visão relativamente esparsa. A partir do hemisfério sul, porém, pode olhar-se diretamente para o âmago da Via Láctea, e a visão é muito mais dramática, apesar dos efeitos de obscurescência da poeira. Numa límpida noite de maio sem luar, longe das luzes urbanas, no Chile, essa visão é de cortar a respiração (ver Figura 3). Entre as minhas melhores memórias estão esses tempos que passei a olhar para o céu no Observatório Interamericano de Cerro Tololo, no Chile, ao lado da mulher com quem mais tarde viria a casar-me, com a Via Láctea dramaticamente exposta no céu por cima das nossas cabeças.

Se pudéssemos de alguma maneira ver a Via Láctea a partir de um ponto de vantagem situado a algumas centenas de milhares de anos-luz daqui, onde conseguíssemos vê-la de frente, assemelhar-se-ia ao desenho artístico mostrado na Figura 4. O Sol está situado num braço da espiral a meio caminho da parte de fora, mesmo por cima do centro (pelas 6 horas no diagrama). A nossa galáxia é uma *espiral barrada*, porque o seu bojo central tem a forma de uma barra. Os braços da espiral partem dos extremos dessa barra.

Nem todas as estrelas da Via Láctea estão situadas nos braços da espiral e no bojo. Os agregados globulares estão distribuídos de uma maneira mais ou menos esférica, estendendo-se acima e abaixo

Figura 3. A Via Láctea acima do Observatório Interamericano de Cerro Tololo, nos Andes chilenos. A grande cúpula no centro alberga o telescópio *Victor Blanco*, que tem quatro metros de diâmetro. O centro da Via Láctea aparece perto da margem direita da imagem. As Nuvens de Magalhães Grande e Pequena, galáxias que acompanham a Via Láctea a mais de 150 mil anos-luz de distância, podem ver-se à esquerda.
Créditos: Roger Smith, AURA, NOAO, NSF.

do disco. Além disso, há um espargimento de estrelas, muito mais esparsas do que as que estão no disco e também distribuídas esfericamente, que se estende até cerca de 50 mil anos-luz do centro da Via Láctea. Referimo-nos a isto como o *halo* da nossa galáxia.

As estrelas que estão na barra, e especialmente as do halo, tendem a ser antigas, havendo-se formado há milhares de milhões de anos. Em resultado, as estrelas mais quentes da sequência principal O e B,

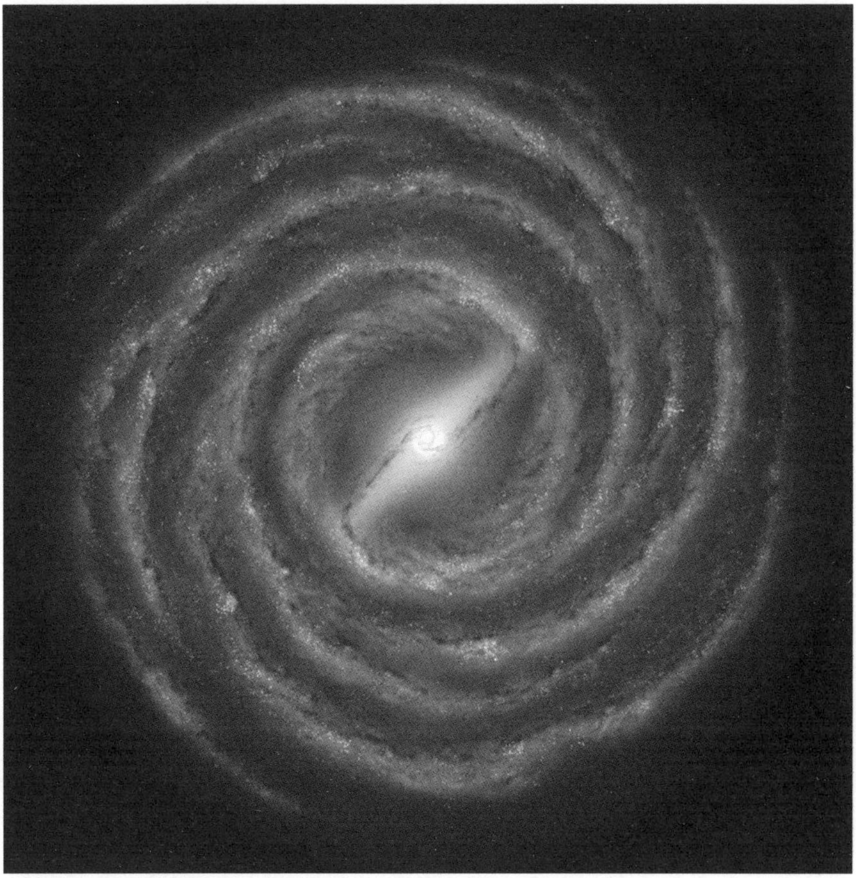

Figura 4. Visão artística da Via Láctea vista de cima.
Créditos: Satélite *Chandra* da NASA.

com a sua duração de vida medida em meros milhões de anos, não se encontram de todo por ali. Há milhares de milhões de anos que não se formam estrelas no halo da nossa galáxia. Encontramos estrelas quentes e jovens quase exclusivamente nos braços em espiral do disco, onde se formam estrelas agora.

A estrutura do disco em espiral, ou girândola, sugere que toda a estrutura está em rotação. Na verdade, é exatamente isso que está a acontecer. Todo o disco está a rodar em torno do seu eixo central, e o Sol, em particular, está a mover-se numa órbita aproximadamente circular à velocidade de 220 quilómetros por segundo. Tal como a gravidade do Sol sustém a Terra na sua órbita anual, também a gravidade coletiva de todas as estrelas da Via Láctea sustém o Sol numa órbita quase circular em redor do centro galáctico. O Sol completa uma volta à Via Láctea em cada 250 milhões de anos. O Sol já completou aproximadamente 18 órbitas da galáxia durante os 4,6 mil milhões de anos terrestres desde que se formou.

Conhecendo-se a lei da gravidade de Newton, a distância até ao centro da galáxia e a velocidade a que a orbitamos, podemos calcular a massa da Via Láctea dentro do raio orbital do Sol, e ela é de aproximadamente 100 mil milhões de vezes a massa do Sol.

A Via Láctea é feita de estrelas, e por isso podemos dizer que contém aproximadamente 100 mil milhões de estrelas, segundo a abordagem rudimentar de que o Sol representa uma estrela média. Mas isso não é inteiramente verdade. A estrela típica da Via Láctea tem uma massa um pouco inferior à do Sol, e não estamos a contar com essas estrelas que estão mais distantes do centro da galáxia do que nós, pelo que uma melhor estimativa nos dá cerca de 300 mil milhões de estrelas na Via Láctea. Na sua clássica série televisa *Cosmos*, Carl Sagan referia-se frequentemente a «*billions and billions*» [milhares e milhares de milhões] de estrelas, na sua voz inconfundível. Sagan não estava a exagerar. A Via Láctea tem efetivamente milhares e milhares de milhões — aproximadamente 300 mil milhões — de estrelas. Usámos este número na nossa avaliação da equação de Drake no Capítulo 4.

Todas as estrelas que estão no disco têm órbitas aproximadamente circulares. As estrelas são como automóveis numa pista de corridas circular. As que estão nas faixas interiores ultrapassam as que estão nas faixas exteriores. O padrão em espiral que presenciamos deve-se a engarrafamentos das estrelas enquanto elas circulam. Se estivermos a viajar numa via rápida e nos aproximarmos de um engarrafamento onde os carros circulam a uma velocidade inferior à média, também abrandaremos. Finalmente passaremos pelo engarrafamento, e depois poderemos acelerar, ao mesmo tempo que os outros carros aceleram à nossa volta. O engarrafamento representa uma *onda de densidade* no padrão dos carros. Os carros aglomeram-se mais densamente no engarrafamento — embora haja sempre carros individuais a passar pelo engarrafamento e a sair dele. Da mesma maneira, a onda de densidade em espiral de uma galáxia representa um engarrafamento gravitacional das estrelas, cuja gravidade atrai para ele mais estrelas ainda. Além disso, enquanto as estrelas se apinham, o gás interestelar é comprimido pela força gravitacional extra ali acumulada, levando as nuvens de gás a colapsar gravitacionalmente e a formar novas estrelas. Portanto, os braços da espiral são regiões em que as estrelas se estão a formar ativamente. Entre as estrelas recém-formadas, há enormes e luminosas estrelas azuis cujos prazos de vida são mais curtos do que o tempo que elas demoram a sair do engarrafamento no braço da espiral. Por isso, os braços em espiral das galáxias estão intensamente iluminados por enormes estrelas azuis recém-nascidas. As estrelas não viajam em caminhos espiralados — em vez disso, os braços da espiral brilham intensamente devido à formação de estrelas causada por esses engarrafamentos de estrelas que circulam em redor do centro galáctico.

A massa de cem mil milhões de sóis que acabámos de calcular representa essa parte da Via Láctea no interior da órbita do Sol. As forças gravitacionais de diferentes partes da Via Láctea que estão *para lá* da órbita do Sol puxam-nos em direções opostas: o material que está fora da órbita do Sol no nosso lado da galáxia puxa-nos para fora, ao passo que as coisas que estão fora do círculo da órbita do Sol, mas do outro lado do centro galáctico, nos puxam para dentro. Estas forças opostas cancelam-se efetivamente uma à outra e não têm qualquer efeito nítido na órbita do Sol. Portanto, tudo o que importa para o Sol são as forças coletivas da gravidade no interior da sua órbita galáctica, que agem (matematicamente) como se todas elas estivessem localizadas no centro.

Isto significa que podemos usar as velocidades das estrelas que orbitam ainda mais fora da Via Láctea para medir a massa encerrada nessas órbitas maiores. Descobrimos que a massa interior ao raio *R* aumenta linearmente com *R*. Quanto mais para fora se sai, mais massa se encontra. O que é intrigante, porque se veem cada vez menos estrelas nas partes exteriores da Via Láctea. Ou seja, existe uma componente significativa da massa da Via Láctea situada fora da órbita do Sol que não é simplesmente visível sob a forma de estrelas ou de quaisquer outros objetos conhecidos. Essa matéria é escura. Chamamos-lhe *matéria escura*. Inferimos a presença dela apenas pelo seu efeito gravitacional sobre as órbitas estelares.

Quanta matéria escura contém a Via Láctea? A vasta maioria da massa da Via Láctea, aproximadamente um bilião de vezes a massa do Sol, está sob a forma de matéria escura, que se estende porventura até 250 mil anos-luz de distância do centro. Inferimos a mesma massa calculando a órbita mútua da Via Láctea e da galáxia sua companheira, a galáxia de Andrómeda, usando mais uma vez a lei da gravidade de Newton. Ambas se moviam outrora longe uma da outra de acordo com a expansão geral do Universo, mas estão agora a cair juntas a uma velocidade de cerca de 100 quilómetros por segundo, e deverão colidir daqui a cerca de 4,5 mil milhões de anos.

Fritz Zwicky, astrofísico do Caltech [Instituto de Tecnologia da Califórnia], foi o primeiro a descobrir a matéria escura, em 1933, quando mediu a massa total do agregado Coma de galáxias usando o raio desse agregado e as velocidades das galáxias individuais que se moviam no campo gravitacional desse agregado como um todo. Concluiu que o agregado era significativamente mais maciço do que o total de estrelas e gás que constituíam as galáxias que podíamos ver. Chamou ao restante *Dunkle Materie* na sua língua natal, o alemão — ou seja, «matéria escura». Como iremos explorar no próximo capítulo, essa matéria escura quase de certeza não é composta por átomos vulgares, mas antes por partículas elementares que ainda teremos de identificar.

Uma outra forma interessante de matéria não-luminosa na Via Láctea ocorre mesmo no centro desta. As observações por infravermelhos conseguem penetrar na poeira que o obscurece até mostrar estrelas no centro da galáxia que se movem em órbitas elípticas. Essas órbitas têm diâmetros tão pequenos quanto um centésimo de ano-luz, com períodos de dez anos, ou perto disso. O objeto que todas elas orbitam é invisível, mas, mais uma vez, as leis de Newton permitem-nos determinar a massa dele: uns espantosos quatro milhões de vezes a massa do Sol. É mais pequeno do que as órbitas das estrelas que o rodeiam, e por isso extraordinariamente denso e escuro. Sucede que se trata de um *buraco negro supermaciço*, uma das mais fascinantes classes de objetos do Universo. Por esta descoberta, Reinhard Genzel e Andrea Ghez receberam o Prémio Nobel da Física em 2020.

Os buracos negros supermaciços alimentam *quasares*. O gás que cai a direito em direção a um buraco negro irá simplesmente ser engolido e desaparecer sem deixar vestígios, acrescentando-se à massa deste, mas sem ter qualquer efeito além desse. No entanto, é mais provável que o gás tenha algum movimento lateral, ou impulso angular, relativamente ao buraco negro. Então ele não cairá a direito, mas ficará a orbitar o buraco negro. Em comparação com as estrelas que orbitam a Via Láctea, as evidências mostram que o gás que rodeia um buraco negro se move a uma velocidade tremenda, numa fração apreciável da velocidade da luz. Roçar-se-á contra o gás que se move mais lentamente e que orbita um pouco mais longe. Essa fricção pode aquecer o gás imensamente, até temperaturas de centenas de milhões de graus. As coisas quentes irradiam energia. Portanto, enquanto o próprio buraco negro é invisível, o gás que o rodeia, antes de cair lá para dentro, pode ser tremendamente luminoso. Um quasar é um buraco negro supermaciço, rodeado por um disco de material gasoso a tal ponto incandescente que pode brilhar mais do que toda a galáxia em que está inserido. Quando o gás finalmente entra no buraco negro, acrescenta-se à massa desse buraco negro. Este processo de acreção, que opera ao longo de centenas de milhões de anos, pode resultar em buracos negros que atingem milhões ou mesmo milhares de milhões de massas solares.

O buraco negro que está no centro da Via Láctea não tem presentemente nenhum gás a cair para ele que possa formar um disco, pelo que atualmente está quiescente e não brilha como um quasar.

O buraco negro que está no centro da Via Láctea tem um raio de 12 milhões de quilómetros. Quem se aventurar no interior desse raio nunca mais de lá sairá. Quando se cruza esse raio, demora-se apenas 26 segundos a atingir o centro, onde provavelmente se será despedaçado pelas forças gravitacionais. Mas o que acontece ao certo no interior de um buraco negro continua a ser um mistério e um tema de investigação que é intensamente debatido. Alguns físicos pensam que se poderá morrer assim que lá se entra; outros sugerem que se poderá sobreviver e surgir noutros universos. Poderá até entrar-se numa região de viagem no tempo enclausurada no interior do buraco negro, onde poderemos conhecer o nosso futuro eu e dizer-lhe olá. Para compreendermos o que realmente acontece, talvez tenhamos de compreender as leis da gravidade quântica — como a gravidade se comporta em escalas microscópicas. Poderemos descobrir sozinhos saltando lá para dentro, mas nunca conseguiremos voltar a sair para contar as nossas aventuras aos amigos.

O nosso estudo da Via Láctea conduziu-nos às fronteiras da física, desde a sugestão de novas partículas elementares que povoam os confins da nossa galáxia até um buraco negro supermaciço que se acoita no centro dela. Mas a Via Láctea é apenas uma entre as centenas de milhares de milhões de galáxias, e passamos agora ao que todas essas galáxias nos podem dizer acerca da estrutura do Universo em larga escala.

CAPÍTULO 6

AS GALÁXIAS, O UNIVERSO EM EXPANSÃO E O *BIG BANG*

Michael A. Strauss

As estrelas estão tão distantes que, mesmo através dos mais modernos telescópios, nos aparecem como uns pontos de luz indistintos. Mas os astrónomos do século XVII notaram uma quantidade de outros objetos no céu que eram extensos e tinham frequentemente um aspeto impreciso. Deram-lhes o nome genérico de *nebula* (plural *nebulae*), que é a palavra para nuvem em latim. Já encontrámos uma variedade de nébulas neste livro, incluindo as nébulas planetárias, que ocorrem quando as gigantes vermelhas soltam as suas camadas exteriores; a Nebulosa de Oríon, uma região de intensa formação de estrelas em que o gás circundante ganha fluorescência por causa da luz das jovens estrelas quentes; e mesmo as nebulosas escuras, aquelas nuvens de poeira que bloqueiam a luz das estrelas em fundo. Existe ainda uma outra classe, a que se deu o sensato nome de *nebulosas em espiral*, devido à sua forma. A mais preeminente de todas, a Nebulosa de Andrómeda, é suficientemente brilhante para ser vista a olho nu em céus escuros, longe das luzes das cidades. O astrofísico Harlow Shapley, que trabalhou no início do século XX, pensava que as nebulosas em espiral eram nuvens de gás no interior da nossa própria galáxia. A própria Via Láctea tem um aspeto impreciso.

No entanto, a estrutura em espiral do disco da Via Láctea que discutimos no capítulo anterior era desconhecida há cem anos, porque, vivendo no interior desse mesmo disco, não tínhamos um bom entendimento da sua estrutura tridimensional, o que tornava mais difícil a detetação da sua semelhança com essa classe de objetos mais vasta. Ainda assim, o filósofo alemão Immanuel Kant já especulara em 1755 que as nebulosas em espiral eram outros «universos ilhas», ou seja, objetos tão grandes quanto todo o Universo conhecido — a Via Láctea. Uma vez que Shapley determinou a extensão da Via Láctea e a pequena dimensão angular das nebulosas em espiral no céu, se Kant tivesse razão, isso significava que elas deveriam estar espantosamente — quase impossivelmente — distantes, a milhões ou a dezenas de milhões de anos-luz.

Shapley achou que tal noção era completamente implausível. O astrofísico que efetuou as observações que resolveram a questão de uma vez por todas foi Edwin Hubble.

O Observatório do Monte Wilson, onde Hubble trabalhava, e que domina a bacia de Los Angeles, tinha na época o maior telescópio do mundo — cem polegadas (2,5 metros) de diâmetro. Quando Hubble fez fotografias da Nebulosa de Andrómeda com o seu telescópio nos anos 1920, resolveu a sua luz difusa em estrelas individuais, tal como Galileu havia descoberto quando apontara o seu telescópio primitivo para o impreciso arco da Via Láctea, trezentos anos antes. Com base em repetidas observações da Nebulosa de Andrómeda, Hubble identificou diversas estrelas que se iluminavam e obscureciam periodicamente, e que ele entendeu serem uma categoria de estrelas chamadas variáveis de Cefeidas. Em 1912, Henrietta Leavitt, que trabalhava em Harvard, havia descoberto uma relação entre o período de variabilidade de uma Cefeida e a sua luminosidade. Hubble conseguiu medir esses períodos usando a relação de Leavitt para inferir as suas luminosidades intrínsecas e, medindo o brilho observado nelas, descobrir as duas distâncias. A conclusão de Hubble foi estarrecedora: a Nebulosa de Andrómeda estava à então inconcebivelmente grande distância de quase um milhão de anos-luz, o que a colocava muito além da extensão conhecida da Via Láctea.

As imagens fotográficas da Nebulosa de Andrómeda, que são muito mais nítidas do que o olho humano mais capaz, mostravam um diâmetro angular de 2º no céu. Dada essa dimensão angular, e a distância a que Hubble estava, o verdadeiro diâmetro dela deveria ser de cerca de 30 mil anos-luz. Hubble conseguiu inferir dois factos convincentes: (1) a Nebulosa de Andrómeda é comparável à Via Láctea em dimensão e (2) Andrómeda está muito para lá dos limites da Via Láctea.

Além disso, o céu estava repleto de outras nebulosas em espiral, todas elas muito mais pequenas em dimensão angular e mais ténues do que Andrómeda. Se elas fossem semelhantes à Nebulosa de Andrómeda, deviam estar ainda mais distantes. Esse foi um momento de charneira na história da nossa compreensão do cosmos. A hipótese de Kant de que as nebulosas em espiral eram outros «universos ilhas», tão grandes quanto a própria Via Láctea, estava correta. Os limites do Universo conhecido deram um drástico salto em frente.

Duas décadas mais tarde, os astrofísicos aperceberam-se de que havia mais do que uma classe de variáveis de Cefeidas no céu. Quando tudo ficou resolvido, descobriu-se que, afinal, Hubble tinha na verdade *subestimado* a distância até à Nebulosa de Andrómeda. O nosso valor moderno dessa distância é de 2,5 milhões de anos-luz. Além disso, as modernas técnicas de captação de imagem mostram que as mais ténues regiões exteriores de Andrómeda se estendem até um diâmetro de cerca de 3º no céu. Com estes valores maiores, inferimos que o centro da galáxia de Andrómeda — sim, agora chamamos-lhe galáxia — é de cerca de 130 mil anos-luz, um pouco maior do que a Via Láctea. Ainda assim, a estimativa de Hubble ia no sentido correto, e a sua conclusão de que Andrómeda era outra galáxia como a Via Láctea estava correta. Mesmo um cálculo rudimentar foi o que bastou para responder à grande pergunta.

Nem todas as galáxias têm um disco achatado — algumas têm formas redondas ou elípticas, e são dominadas por estrelas antigas, com muito pouco gás ou poeira. Hubble chamou a estas últimas *galáxias elípticas*.

A maioria das galáxias luminosas são elípticas ou espiraladas, mas algumas galáxias têm formas irregulares, que não se encaixam em nenhuma dessas categorias. Adivinharam. Chamamos-lhes *galáxias irregulares*. A Grande Nuvem de Magalhães, uma pequena galáxia satélite (com 14 mil anos-luz de uma ponta à outra) que orbita a Via Láctea a uma distância de cerca de 160 mil anos-luz, recai nesta categoria. Ela aparece na borda esquerda da Figura 3, ao lado da cúpula do observatório. Está tão próxima de nós que é facilmente visível a olho nu.

Presentemente, a Via Láctea e a galáxia de Andrómeda estão a cair uma para a outra sob a influência da sua atração gravitacional mútua. Quando as galáxias colidirem, daqui a cerca de 4,5 mil milhões de anos, a vastidão do espaço vazio entre as estrelas assegura que essas estrelas passarão umas pelas outras sem colidir, enquanto as galáxias passam uma pela outra. Após as galáxias se acomodarem ao fim de algumas centenas de milhões de anos, esperamos que se unam e se transformem numa galáxia elíptica.

As estrelas das galáxias elípticas tendem a ser mais velhas do que as das espirais, o que sugere que a maioria das galáxias elípticas se formou mais cedo na história do Universo. Os bojos das espirais partilham muitas propriedades com as galáxias elípticas, o que sugere que se possam ter formado de maneira semelhante. O gás que mais tarde cai para uma galáxia elíptica já formada pode arrefecer antes de ter tido tempo para formar estrelas. Esse arrefecimento faz com que o gás perca energia, mas não o impulso angular, o que o poderá levar a formar um fino disco em rotação. Esse processo poderia gerar uma galáxia em espiral que contivesse um bojo elíptico. Os pormenores de um tal processo ainda são mal compreendidos e intensamente debatidos.

Uma exposição muito longa com o telescópio espacial *Hubble* mostrou dez mil galáxias ténues e distantes numa minúscula, entediante e aborrecida zona do céu que equivale a 1% da área de toda a Lua, o que corresponde a $^{1}/_{26}$ milionésimos de todo o céu. Uma vez que não temos nenhuma razão para suspeitar que tal local seja invulgar, calculamos que a quantidade de galáxias que podemos ver em todo o céu seja 26 milhões de vezes as que podemos ver nesse pedaço. Isso significa que 260 mil milhões de galáxias estão ao alcance do telescópio espacial *Hubble*. Cada um desses pontos de luz mal resolvidos é uma galáxia, tão grande quanto a Via Láctea, que contém cerca de cem mil milhões de estrelas. Com 10^{11} estrelas em cada uma das mais de 10^{11} galáxias, inferimos que o Universo observável contém pelo menos 10^{22} estrelas. Neil moeu-nos o juízo com esse número no Capítulo 1. Aqui vemos de onde ele proveio.

Os astrofísicos começaram a medir o espetro das galáxias por volta de 1915, uma façanha que exigiu exposições fotográficas com muitas horas de duração. Esses primeiros espetros mostravam características semelhantes às que se veem nas estrelas G e K, o que significava que as galáxias eram feitas de estrelas. Edwin Hubble chegou à mesma conclusão quando decifrou estrelas individuais nas suas imagens fotográficas de Andrómeda uma década depois. Os espetros das galáxias eram agradavelmente familiares para quem estava acostumado a estudar os espetros das estrelas vulgares. No entanto, os astrofísicos depressa notaram uma diferença significativa. As características espetrais de elementos como o cálcio, o magnésio e o sódio estavam em comprimentos de onda um pouco diferentes daqueles que se tinham visto nas estrelas da Via Láctea ou em laboratório. Em regra, todas as linhas espetrais de uma galáxia individual se desviavam sistematicamente para o vermelho. Chamamos a esse fenómeno o *desvio para o vermelho.*

Podemos compreender como esse desvio para o vermelho se origina se nos postarmos na esquina de uma rua muito frequentada e ouvirmos um sonoro motociclo passar por nós. Ouviremos um zumbido agudo quando ele se aproxima. Depois, quando nos alcança e começa a afastar-se de nós, o zumbido do rugido do motor torna-se consideravelmente mais grave ao passar por nós, soando mais ou menos assim: «Niiiiiiiaoooouuuuuu!»

O som do motociclo é uma onda de pressão no ar, que, tal como a luz, tem um certo comprimento de onda e uma certa frequência. Quanto mais alta for a frequência (e mais curto o comprimento de onda), mais agudo será o zumbido que o nosso ouvido percebe. Quando o motociclo que se aproxima, emite uma sucessão de cristas de onda e estas acumulam-se, resultando num zumbido mais agudo. Ao invés, as sucessivas cristas de onda que nos atingem quando o motociclo se afasta são espaçadas pelo movimento e têm assim um zumbido mais grave. Esse efeito, descrito por Christian Doppler em 1842, tanto funciona para as ondas luminosas como para as ondas sonoras: o movimento de uma estrela ou galáxia distante imprime-se como um desvio sistemático nas características do seu espetro.

As galáxias têm características espetrais específicas, e mesmo únicas, que correspondem à sua exata constituição elementar. A diferença entre os comprimentos de onda desses elementos numa galáxia particular e os dos mesmos elementos tal como vistos nos laboratórios da Terra, interpretada como um desvio de Doppler, diz-nos qual a velocidade a que uma galáxia se desloca em relação a nós.

Em 1915, Vesto Slipher, que trabalhava no Observatório Lowell (onde Plutão veio a ser descoberto mais tarde), tinha medido os desvios de Doppler de 15 galáxias. Andrómeda e duas outras galáxias desviavam-se para o azul, o que mostrava que essas galáxias se deslocavam na nossa direção, mas todas as restantes — todas as restantes — se desviavam para o vermelho e estavam, portanto, a afastar-se de nós. A comunidade astronómica já mediu agora os espetros de milhões de galáxias; com um punhado de exceções (como Andrómeda), todas elas mostram um desvio para o vermelho. Concluímos que quase todas as galáxias do Universo se estão a afastar da Via Láctea. Estaremos nós numa posição especial, no centro do movimento de todas as galáxias? O que está realmente a passar-se? Mais uma vez, Edwin Hubble efetuou as aferições críticas.

Após ter medido a distância até à Nebulosa de Andrómeda usando as estrelas variáveis das Cefeidas, prosseguiu esse esforço com outras galáxias, usando uma multiplicidade de maneiras para calcular as suas distâncias. Traçou então um gráfico simples, comparando as distâncias das galáxias com as suas velocidades. O que ali viu foi uma tendência: quanto mais distante a galáxia, mais elevada a sua velocidade de recessão. Na verdade, apesar das substanciais incertezas das aferições, ele conseguiu concluir que a velocidade *v* e a distância *d* eram proporcionais. A velocidade *v* era igual à sua distância *d* multiplicada por uma constante, que agora se chama *constante de Hubble* em homenagem a ele. A constante de Hubble é, na verdade, constante em todo o Universo em qualquer ponto do tempo, mas altera-se com a época cósmica. A quantidade H_0 (que se pronuncia «H-zero») representa o valor da constante de Hubble no presente. Essa proporcionalidade entre a velocidade e a distância não tardou a ser conhecida como *lei de Hubble.*

O primeiro gráfico de Hubble, de 1929, incluiu galáxias que só iam até uma velocidade *v* de cerca de mil quilómetros por segundo, o que corresponde a uma distância moderna de cerca de 50 milhões de anos-luz. Em 1931, Hubble e o seu colega Milton Humason haviam expandido o gráfico de forma que incluísse galáxias que se afastavam a 20 mil quilómetros por segundo. Isso realmente rematou a questão.

Será deveras verdade que a galáxia Via Láctea ocupa uma posição especial no Universo, um ponto a partir do qual todas as outras galáxias se movem? Tal noção iria contrariar um tema recorrente que já encontrámos antes, e a que por vezes se chama o *Princípio Coperniciano*: o de que a Terra não é um lugar especial no Universo. Ptolomeu e os antigos colocavam a Terra no centro do Universo — de facto, assim parece —, mas Copérnico demonstrou que a Terra orbita o Sol. Aprendemos depois que o Sol é uma vulgar estrela da sequência principal, e embora os astrofísicos pensassem inicialmente que o Sol se situava num local especial perto do centro da Via Láctea, o trabalho mais minucioso de Shapley demonstrou que o Sol está a meio caminho do centro.

A lei de Hubble, $v = H_0 d$, implica que a constante de Hubble H_0 tem unidades de uma velocidade v a moverem-se para longe de nós (normalmente medidas em quilómetros por segundo) divididas por uma distância d, que é vulgarmente medida em *megaparsecs* (Mpcs; ou seja, milhões de *parsecs*). Um *megaparsec* são apenas 3,26 milhões de anos-luz. A melhor estimativa atual é a de que a constante de Hubble seja $H_0 = 67 \pm 1$ (km/seg) / Mpc.

A expansão do Universo de Hubble apenas é válida na escala das distâncias entre galáxias. Imaginemos moedas de cêntimos coladas na superfície de um balão que está a ser cheio com ar. As galáxias, tal como essas moedas de cêntimo, não se expandem, em vez disso é o espaço entre as moedas que está a expandir-se. Os objetos que se mantêm unidos pela gravidade ou por outras forças, incluindo as galáxias individuais, as estrelas e os planetas individuais, e mesmo nós próprios, não estão a expandir-se. Na verdade, até as galáxias Via Láctea e Andrómeda são gravitacionalmente atraídas uma para a outra, e, portanto, caem conjuntamente, não se afastam. Mas em grandes escalas, as galáxias, tal como as moedas de cêntimo no balão que se enche, estão a afastar-se. As aferições dos desvios para vermelho, à primeira vista, parecem colocar a Via Láctea num lugar especial relativamente às outras galáxias — no centro da expansão. Mas não é esse o caso. Com efeito, segundo a perspetiva de qualquer uma dessas moedas, veem-se todas as outras moedas a afastar-se.

Não existe um centro para a expansão na superfície do balão. Não existe um centro para a expansão do Universo.

Se o Universo está a expandir-se agora, então antigamente as galáxias estavam mais próximas umas das outras. Uma galáxia que esteja a uma distância *d* de nós está a afastar-se de nós com uma velocidade de $H_0\ d$. Se pressupusermos grosseiramente que essa velocidade se mantém constante com o tempo, podemos perguntar quanto tempo demora essa galáxia a viajar a distância *d*? De forma equivalente, há quanto tempo estava essa galáxia aqui mesmo em cima de nós? A resposta é a distância dela (*d*) dividida pela sua velocidade (que é de $H_0\ d$, de acordo com a lei de Hubble), ou, há um tempo para trás ($1/H_0$), o que acaba por ser há 14,6 mil milhões de anos. Afinal, o valor de *d* cancela-se na equação e, sendo assim, por mais longe que uma galáxia esteja, ela atinge-nos ao mesmo tempo no passado. Se extrapolarmos a atual expansão do Universo retrocedendo para o passado, descobrimos que todas as galáxias ficam juntas (as moedas de cêntimo colidem) num único ponto, um início a que chamamos o *Big Bang* — um termo que foi cunhado ironicamente por Fred Hoyle no final dos anos 1940. E, portanto, a constante de Hubble dá-nos a idade aproximada do Universo.

Este cálculo do tempo desde o *Big Bang* pressupõe que cada galáxia se move a uma velocidade constante, mas o valor moderno que foi baseado em cálculos mais sofisticados fica próximo, em cerca de 13,8 mil milhões de anos. Isso é somente um pouco mais antigo do que a idade dos mais velhos agregados globulares, que têm entre 12 e 13 mil milhões de anos.

Uma vez que o Universo tem apenas 13,8 mil milhões de anos, devido à velocidade finita da luz, só conseguimos ver até uma distância finita. A luz dos materiais mais distantes que conseguimos ver agora tem viajado até nós à velocidade da luz durante 13,8 mil milhões de anos e, portanto, atravessou apenas uma distância de 13,8 mil milhões de anos-luz pelo espaço em perpétua expansão que está entre esses materiais e nós. Mas nós estamos a ver esses materiais no passado — onde eles costumavam estar. Onde estão agora? A expansão do Universo transportou, entretanto, esses materiais (agora formados em galáxias) até uma distância de 45 mil milhões de anos-luz de nós no presente momento. Isso representa o limite do Universo presentemente observável. Mais além, há outras galáxias, mais distantes, das quais nunca recebemos fotões. O espaço entre elas e nós está simplesmente a expandir-se tão depressa que a luz delas ainda não teve tempo para o atravessar. Por isso, esperamos que haja muito mais galáxias por lá, para lá da margem visível do Universo.

Em 1948, George Gamow e Ralph Alpher imaginaram como seria o Universo nos seus momentos iniciais. Raciocinaram assim: o Universo estava comprimido perto do *Big Bang* e estava por isso muito quente e permeado com o tipo de fulgor que as coisas quentes emitem — radiação térmica. Essa radiação arrefece à medida que o Universo se expande.

À medida que ele se expande como um balão, a sua circunferência aumenta. Imaginemos uma onda luminosa a contornar essa circunferência, no sentido contrário ao dos ponteiros do relógio. Suponhamos que 12 cristas de onda estão distribuídas a distâncias regulares ao redor da circunferência do balão que se expande, como 12 carros de corrida que andam às voltas numa pista circular. À medida que a circunferência do balão se expande, todos os carros correm à mesma velocidade, a velocidade da luz. Se eles começarem com $^{1}/_{12}$ do equador a separar cada carro daquele que está à sua frente, permanecerão igualmente distribuídos ao redor do balão enquanto este se expande. Cada carro move-se à mesma velocidade, pelo que nenhum carro apanhará o que vai à sua frente, nem ficará para trás até ser apanhado pelo carro seguinte. Se os carros (imaginemos cristas de onda) permanecem igualmente distribuídos ao redor do equador à medida que a circunferência desse equador se torna maior, a distância que separa os carros irá aumentar. Portanto, quando a circunferência do Universo passa a ter o dobro, a distância entre as cristas de ondas luminosas duplica também. Isso explica o porquê de a luz tender a desviar-se para o vermelho enquanto o Universo se expande: é uma consequência do alargamento do espaço. Esse desvio para o vermelho significa que a quente radiação térmica do Universo inicial se estende para comprimentos de onda maiores enquanto o Universo se expande.

Acendamos a placa do nosso fogão elétrico na posição máxima e ela terá um fulgor vermelho, com uma temperatura de 700 K. As resistências emitem radiação térmica a essa temperatura, com emissão em pico de um comprimento de onda de quatro mícrons (quatro milionésimos de um metro), que se acomoda muito bem na região infravermelha do espetro. A maior parte dessa energia emerge como calor. Conseguimos sentir essa radiação infravermelha aquecer-nos as mãos se as colocarmos por cima da placa. (Nunca tocar na placa!) O espetro dessa radiação térmica foi calculado por Max Planck, o pai da física quântica. No seguimento do trabalho de Planck, Einstein mostrou que a luz vem em pacotes discretos de energia, proporcionais à frequência da luz, chamados *fotões*.

A distribuição de Planck diz-nos que o comprimento de onda da emissão de pico é inversamente proporcional à temperatura. À medida que o Universo se expande por um fator de 10, a radiação térmica do Universo irá desviar-se para o vermelho por um fator de 10 para comprimentos de onda mais longos. Se isso começar com a radiação característica de uma certa temperatura, no momento em que o Universo se tiver expandido por um fator de 10, terá arrefecido para $^{1}/_{10}$ dessa temperatura.

Iniciemos a história do Universo em expansão cerca de um segundo após o *Big Bang*. (Não se preocupem. Falaremos do que aconteceu ainda antes disso no próximo capítulo.) Ao fim de um segundo, o Universo estava estupendamente quente, a cerca de 10^{10} K (10 mil milhões de kelvins) e a densidade da matéria era negligenciável, comparada com a densidade da energia de toda essa radiação. As galáxias, as estrelas e os planetas ainda não existiam, e as coisas estavam demasiado quentes para que se formassem átomos ou moléculas, ou mesmo núcleos atómicos. O material vulgar do Universo neste ponto consistia em eletrões, positrões (antieletrões), protões, neutrões, neutrinos e, evidentemente, imensa radiação térmica (ou seja, fotões). E se, como hoje se pensa, a matéria escura consistir em partículas elementares ainda por descobrir, seria de esperar que tais partículas também existissem em grandes quantidades no Universo por esta altura.

Dois minutos e meio depois, o Universo já se expandiu e arrefeceu para uma temperatura de «apenas» mil milhões de kelvins. Por esta altura, o espetro térmico dos fotões atinge o pico nos raios gama. Um milhão de kelvins é suficientemente frio para permitir reações de fusão nuclear em que neutrões e protões consigam aderir uns aos outros. No Sol, descobrimos que, sob grandes temperaturas e densidades, os protões se fundem para produzir núcleos de hélio. No centro de estrelas como o Sol, são precisos milhares de milhões de anos para transformar 10% do hidrogénio em hélio. As reações nucleares que têm lugar no princípio do Universo são muito mais rápidas porque estão nela presentes neutrões livres, bem como protões. Como já ficámos a saber, as colisões protão-protão requerem elevada energia, porque ambos os protões têm carga positiva e se repelem mutuamente, o que torna pouco frequentes as colisões efetivas. Os neutrões são eletricamente neutros, pelo que as colisões neutrão-protão ocorrem com maior frequência. A fusão pode ocorrer adicionando neutrões a protões, o que servirá para produzir hélio. Isso permite os primeiros e vagarosos passos para que se salte o processo de fusão solar (em que os protões colidem para formar o núcleo de átomos de deutério).

Os protões e os neutrões podem transmutar-se uns nos outros. Um neutrão e um positrão podem combinar-se para formar um protão mais um antineutrino, e vice-versa. E um neutrão pode decair para um protão emitindo um eletrão e um antineutrino. Quando o Universo tinha cerca de um segundo, já vimos que a temperatura era cerca de 10 mil milhões de kelvins, e esses processos estão mais ou menos em equilíbrio. Mas quando o Universo arrefece para mil milhões de kelvins ao mesmo tempo que continua a expandir-se, esse equilíbrio altera-se de modo que mais neutrões são convertidos em protões mais leves, gerando sete protões por cada neutrão. Nesse ponto, o Universo já arrefeceu o suficiente para que um neutrão e um protão colidam e fiquem unidos e formem um *deuterão*, o núcleo de hidrogénio pesado — deutério. Um deuterão pode então participar em reações nucleares adicionais para formar um núcleo de hélio (dois neutrões e dois protões). Ao fim de poucos minutos de fusão nuclear, quase todos os neutrões são incorporados num núcleo de hélio, e por essa altura o Universo arrefeceu e dissipou-se o suficiente para que essas reações nucleares se interrompam.

Quantos núcleos de hélio resultam? Há dois neutrões em cada núcleo de hélio. Com uma proporção de um neutrão para cada sete protões, esses dois neutrões estão emparelhados com 14 protões. Dois desses protões também estão incluídos no núcleo de hélio, restando 12 protões. Isso prevê que se forme um núcleo de hélio por cada 12 protões (estes, evidentemente, são núcleos de hidrogénio). Ao fim desses primeiros minutos, a densidade e a temperatura do Universo baixaram até ao ponto em que não podem ter lugar posteriores reações nucleares. Sendo assim, foi produzida uma quantidade significativa de núcleos de hélio no *Big Bang*, juntamente com as quantidades residuais que restaram de deuterões, lítio e núcleos de berílio (o qual decai para lítio), e nenhuns elementos mais pesados.

Este cálculo básico, que é complicado, mas fácil de entender, foi efetuado pela primeira vez por George Gamow e Ralph Alpher em 1948. Um núcleo de hélio por cada 12 núcleos de hidrogénio está em excelente concordância com os resultados, que remontam ao trabalho de Cecilia Payne-Gaposchkin, a qual demonstrou que as estrelas são compostas por cerca de 90% de hidrogénio e 8% de hélio. Assim, as nossas previsões para as condições no Universo poucos minutos após o *Big Bang* ofereceram-nos uma explicação básica para a razão pela qual o hidrogénio e o hélio são os dois elementos mais abundantes no Universo, e porque existem eles nas proporções que constatamos.

Este espantoso sucesso do modelo do *Big Bang* fornece-nos uma forte justificação para extrapolarmos a expansão do Universo remontando no tempo até poucos minutos após o *Big Bang*.

Gamow e Alpher esperavam originalmente explicar a origem de todos os elementos a partir do *Big Bang*, mas os seus cálculos mostraram que as reações nucleares avançavam apenas através dos elementos mais leves. Todos os elementos pesados (incluindo o carbono, o azoto e o oxigénio nos nossos corpos, bem como o níquel, o ferro e o silicone, que contribuem para a constituição da Terra) foram criados mais tarde por processos nucleares que têm lugar no coração das estrelas, tal como foi descrito no Capítulo 4. Fred Hoyle, um rival de Gamow, esperava demonstrar exatamente o oposto: que tanto os elementos mais pesados como os elementos mais leves podiam ser criados a partir do hidrogénio por culinária nuclear no âmago das estrelas, sem se invocar uma fase primordial quente e densa na história do Universo, e passou boa parte da sua carreira a tentar fazê-lo. Desenvolveu muita da nossa moderna compreensão da formação dos elementos pesados nas estrelas. Mas a quantidade de hélio que as estrelas produzem nem de perto é suficiente para explicar a quantidade que observamos.

O facto de vermos algum deutério no Universo hoje em dia também aponta para uma origem no *Big Bang*. O deutério é frágil e destrói-se ao ser fundido em hélio no âmago das estrelas, em vez de ser produzido lá. As estrelas não podem produzi-lo. A única maneira que nós conhecemos de ele poder ser produzido é no *Big Bang*, e a quantidade de deutério criada nesses primeiros minutos — um deutério por cada 40 mil núcleos de hidrogénio vulgares — está em excelente concordância com o valor observado. Para Gamow, a abundância cósmica de deutério observada era um indício que apontava para o *Big Bang*.

À medida que o Universo continua a arrefecer, a sua constituição não se altera durante cerca de 380 mil anos.

Até esse ponto, o material do Universo é um *plasma*, semelhante aos reluzentes interiores das estrelas. Num plasma, os núcleos atómicos e os eletrões não estão ligados entre si, mas movem-se independentemente uns dos outros. Se um eletrão for brevemente capturado por um protão, formando um átomo de hidrogénio neutro, rapidamente será atingido por um dos muitos velozes fotões de alta energia ali presentes, que libertará o eletrão do protão. Além disso, como os fotões interagem tão fortemente com os eletrões em voo livre, um fotão não consegue viajar até muito longe sem colidir com um outro eletrão e se *espalhar* numa direção diferente. Ou seja, nesta altura o Universo era opaco: como um espesso nevoeiro em que não conseguimos ver até muito longe o que temos pela frente.

A história altera-se de forma drástica quando a temperatura cai abaixo dos três mil K, numa fase a que chamamos *recombinação*, cerca de 380 mil anos após o *Big Bang*. Neste ponto, os fotões já não têm energia suficiente para impedir que os protões e os eletrões se combinem, pelo que estes se emparelham para produzir átomos neutros. O hidrogénio neutro não espalha os fotões tanto quanto o fazem os eletrões individuais, e o Universo torna-se subitamente transparente: o nevoeiro levantou-se. Os fotões podem agora viajar em linha reta através da maior parte do Universo.

Isto sugere que nós, na atualidade, deveríamos ser capazes de ver esses fotões, que têm vindo a vogar livremente na nossa direção desde que o Universo se tornou transparente, 380 mil anos após o

Big Bang. Esses fotões deveriam provir de todas as direções no céu. Ou seja, em todas as direções para que olharmos há material à distância apropriada, de tal modo que os fotões que ele emitiu 380 mil anos após o *Big Bang* estão a chegar até nós somente agora.

Esses fotões são emitidos por gás a uma temperatura de três mil K e por isso deverão ter um espetro térmico adequado a essa temperatura. A intensidade desse espetro atinge o pico num comprimento de onda de cerca de 1 mícron (10^{-6} metros), o que corresponde aos infravermelhos. É por isso que esse espetro térmico dos três mil K se desvia para o vermelho. O Universo expandiu-se por um fator de cerca de mil desde quando tinha 380 mil anos até hoje, 13,8 mil milhões de anos depois. O comprimento de onda da radiação estende-se de acordo com o mesmo fator em que o espaço se expande. Em resultado disso, o pico do comprimento de onda da radiação térmica é agora de um milímetro — micro-ondas. Se o pico do comprimento de onda aumentou por um fator de mil, então a temperatura diminui segundo mesmo fator, o que significa que hoje em dia deveríamos ver essa temperatura de cerca de três K a chegar até nós de todas as direções no céu.

Em 1948, Alpher e Robert Herman, ambos alunos de Gamow, previram que o Universo hoje em dia deveria continuar repleto dessa radiação térmica que restou do *Big Bang*, e calcularam que por esta altura essa temperatura deveria ter diminuído para cerca de cinco K.

Nos anos 1960, as previsões de Herman e Alpher foram largamente esquecidas, até 1965, quando dois cientistas dos laboratórios Bell, Arno Penzias e Robert Wilson, descobriram a radiação cósmica de fundo por micro-ondas [*Cosmic Microwave Background radiation* – CMB] que Herman e Alpher haviam previsto. Penzias e Wilson reportaram uma temperatura de 3,5 K no seu artigo original (mais tarde refinado com medidas mais exatas que se fixaram nos 2,725 K). A descoberta da CMB convenceu a comunidade astronómica de que o modelo do *Big Bang* estava correto. As previsões de Gamow e Alpher sobre a existência da CMB e a estimativa por Alpher e Herman da sua presente temperatura como sendo de aproximadamente de cinco K constituem conjuntamente uma das mais notáveis previsões da história da ciência a ser verificada posteriormente. Penzias e Wilson foram galardoados com o Prémio Nobel da Física em 1978 pela sua descoberta.

David Wilkinson (o meu avô científico — orientador da tese de doutoramento do orientador da minha tese de doutoramento) foi um dos líderes científicos do satélite *Cosmic Background Explorer* (*COBE*) da NASA, concebido para medir o espetro da CMB com elevada exatidão. Obteve resultados espetaculares. O espetro da CMB que o *COBE* mediu segue precisamente a fórmula de Planck para a radiação térmica.

Uma outra grande questão com que Wilkinson se debateu: até que ponto a CMB é uniforme — ou seja, terá a mesma intensidade (ou, o que é equivalente, a mesma temperatura) — em todas as direções?

Um Universo perfeitamente plano irá expandir-se de maneira uniforme, e nenhuma estrutura se formará alguma vez: nenhumas galáxias, nenhumas estrelas, nenhuns planetas, nenhuns humanos a olhar para o céu e a perguntar o que significa tudo aquilo. O facto de vivermos num universo com estrutura, com desvios reais em relação à uniformidade, diz-nos que o Universo primordial e, por conseguinte, a CMB não poderiam ter sido perfeitamente planos.

Como é que a estrutura se formou no Universo? Consideremos uma região do Universo primordial em que a densidade da matéria é ligeiramente mais elevada do que nas regiões vizinhas. A massa associada a essa região é também ligeiramente mais alta, e tem, portanto, uma atração gravitacional ligeiramente mais elevada do que o material que a circunda. Um fortuito átomo de hidrogénio ou uma partícula de matéria escura serão atraídos para essa região, aumentando assim a sua densidade a expensas das regiões que a rodeiam. O material cai para essa região, aumentando a massa desta, e no braço de ferro gravitacional ela será ainda mais eficaz a atrair para si matéria adicional. À medida que o tempo passa, este processo irá fazer com que pequenas flutuações na densidade da matéria cresçam com o tempo — o suficiente para formar as estruturas que vemos hoje à nossa volta. Jim Peebles, nosso colega do Departamento de Física de Princeton, tem uma maneira maravilhosamente sucinta de descrever este processo de *instabilidade gravitacional*: «A gravidade é uma chatice!», gosta ele de dizer.

Dada a quantidade de estrutura que observamos hoje no Universo e a física da gravidade, quão fortes deveriam ser as flutuações no Universo primordial? E, em consequência, quão grandes são as flutuações esperadas na CMB? É um cálculo arriscado. Temos de compreender todos os componentes da matéria, tanto da matéria escura como da matéria vulgar feita de átomos. Já referimos que quando o Universo estava completamente ionizado (antes de 380 mil anos após o *Big Bang*), os fotões espalhavam continuamente os eletrões livres no Universo. A pressão desses fotões impedia que as flutuações na distribuição da matéria vulgar (eletrões e protões) aumentassem sob a gravidade. Se fosse essa a história completa, as flutuações poderiam ter crescido através da gravidade só desde o tempo em que o Universo se tornou neutro, e as não-uniformidades da CMB haveriam de ter sido de uma parte em dez mil, o que não foi observado.

No entanto, tal como Jim Peebles percebeu nos anos 1980, a matéria escura pode explicar essa discrepância. A matéria escura é *escura*; o que significa que não interage com fotões e que, portanto, as flutuações na matéria escura poderão crescer sob a gravidade impermeáveis à pressão dos fotões. Após o Universo se tornar neutro, a matéria vulgar pode ter caído em pedaços de matéria escura que já estivessem a crescer há algum tempo. Portanto, se existe matéria escura, podemos começar pelas flutuações da CMB que são mais pequenas do que se apenas estivesse presente matéria vulgar: cerca de uma parte em cem mil. As flutuações da CMB que deviam lá estar (de acordo com o nosso entendimento do crescimento da estrutura num Universo quente do *Big Bang*) foram finalmente detetadas pelo satélite *COBE*, ao nível de uma parte por cem mil, precisamente o nível que Peebles e os outros que invocaram a matéria escura haviam previsto. Estas descobertas solidificaram a nossa compreensão do Universo em expansão. Em reconhecimento pelos seus contributos fundamentais para este trabalho, George Smoot e John Mather, da equipa *COBE*, venceram o Prémio Nobel da Física em 2006, e Jim Peebles venceu o Prémio Nobel da Física em 2019.

Portanto, a matéria escura que inferimos a partir da rotação das galáxias também é necessária para compreender a CMB. De que é feita a matéria escura? Uma comparação detalhada da abundância de hélio e especialmente de deutério com as previsões que provêm do Universo primordial diz-nos que a densidade média da matéria vulgar, familiar — protões, neutrões e eletrões — é de uns meros 4×10^{-31} gramas por cada centímetro cúbico do Universo. Mas os movimentos das galáxias dizem-nos que a densidade total da matéria no Universo é aproximadamente seis vezes maior. A diferença deve-se à presença da matéria escura, que, por conseguinte, não pode ser feita dos vulgares protões, neutrões e eletrões.

Suspeitamos que a matéria escura seja composta por partículas elementares nunca vistas, de um tipo ainda por determinar, presumivelmente forjadas no calor extremo e na pressão extrema do Universo primordial, tal como os protões, os neutrões e os eletrões o foram. Existem imensas especulações acerca do que poderão ser essas partículas elementares. A teoria da *supersimetria* prevê que cada partícula que observamos deve ter um parceiro maciço supersimétrico: o *fotino* para o fotão, o *seletrão* para o eletrão, o *gravitino* para o gravitão, e assim por diante. No Grande Colisor de Hadrões, anda-se em busca dessas partículas. Em 1982, Jim Peebles propôs que a matéria escura é composta de partículas maciças que interagem fracamente (e, sim, os astrofísicos efetivamente deram-lhe o acrónimo de «WIMPS», lorpas) e que são consideravelmente mais maciças do que o protão. Na verdade, o mais leve parceiro supersimétrico de uma qualquer partícula conhecida poderia vir resolver tudo.

Uma comparação detalhada entre as estatísticas de flutuações do padrão observadas na CMB mostra uma espantosa concordância não apenas entre três missões dedicadas — o *COBE*, a *WMAP* [*Wilkinson Microwave Anisotropy Probe – Sonda para Anisotropia de Micro-ondas de Wilkinson*] e os satélites europeus «Planck» —, mas também com cálculos teóricos baseados na física do *Big Bang*, que inclui os efeitos da matéria escura, mais a inflação e a energia escura, sobre a qual ficaremos a saber mais tarde, no Capítulo 7.

Após a recombinação, o material começa a agregar-se em pedaços cada vez mais densos para produzir as primeiras estrelas e galáxias. Mas, dada a dimensão angular das estruturas que vemos na CMB, previmos que deve haver estrutura substancial no Universo em maiores escalas do que apenas as galáxias, que têm elas próprias uns meros cem mil anos-luz de diâmetro. Ou seja, as galáxias não deviam estar aleatoriamente distribuídas no espaço, mas organizadas em estruturas cada vez maiores. Para mapearmos essas estruturas, voltamos à lei de Hubble. Quando olhamos para uma imagem astronómica, vemos objetos como se eles estivessem pintados na cúpula bidimensional do céu. Não temos qualquer perceção de profundidade. Mas a lei de Hubble dá-nos um método para explorar a terceira dimensão: se medirmos o desvio para vermelho de cada galáxia, podemos determinar a distância dela e ver onde estão as galáxias localizadas no espaço.

Começando a sério no final dos anos 1970, os astrofísicos passaram a medir os desvios para vermelho de milhares de galáxias para assim fazerem mapas tridimensionais da sua distribuição. Notaram imediatamente que as localizações das galáxias não são de todo aleatórias. Encontraram agregados que continham milhares de galáxias, com até três milhões de anos-luz de diâmetro, bem como vazios — com 300 milhões de anos-luz de diâmetro — quase completamente desprovidos de galáxias. O *Sloan Digital Sky Survey* mediu os desvios para vermelho de mais de dois milhões de galáxias. A Figura 5 é um mapa de uma pequena fração dessas galáxias, as que se situam numa fatia de 4º no plano equatorial da Terra.

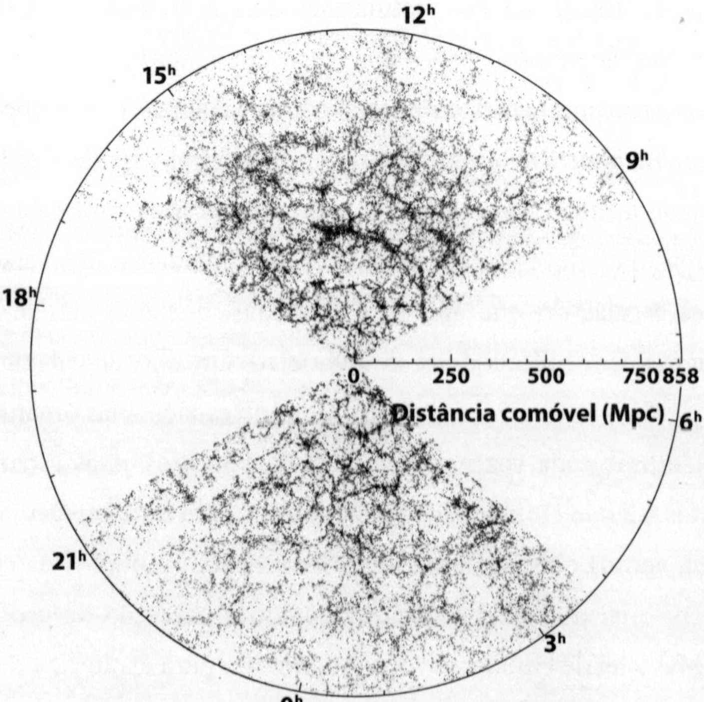

Figura 5. Distribuição das galáxias numa fatia equatorial do *Sloan Digital Sky Survey*. A Via Láctea está no centro. Cada ponto representa uma galáxia. Os dois leques mostram galáxias na região recenseada; as duas regiões em branco são as que o recenseamento não abrangeu. O raio deste diagrama tem cerca de 2,8 mil milhões de anos-luz.
Créditos: J. Richard Gott, M. Jurié *et al.*, 2005, *The Astrophysical Journal*, 24, 463-84.

Cada um dos mais de 50 mil pontos desta figura representa uma galáxia de cem mil milhões de estrelas.

Podemos ver duas grandes fatias do bolo; a galáxia Via Láctea está no centro da imagem. As regiões vazias à esquerda e à direita estão fora da região recenseada, e nelas a poeira da Via Láctea torna difícil a deteção de galáxias distantes.

O raio desta figura tem 860 *megaparsecs*, quase três mil milhões de anos-luz. Até um agregado de galáxias parece pequeno nesta figura, mas a maioria está disposta ao longo de filamentos que têm centenas de milhões de anos-luz de comprimento. Um filamento particularmente proeminente, com uma extensão de 1,37 mil milhões de anos-luz, ao qual se chamou a Grande Muralha de Sloan, surge mais ou menos acima do centro da imagem. Medir essa estrutura levou a que Rich e o seu colega Mario Jurić constassem da edição 2006 do *Livro dos Recordes do Guiness* com a «maior estrutura do Universo».

Notemos na figura que a densidade das galáxias diminui junto das orlas exteriores do mapa. Isto acontece porque as galáxias dessas regiões são as que estão mais distantes de nós e, por conseguinte, são as mais ténues. Apenas uma pequena fração das galáxias mais distantes é suficientemente brilhante para que o *Sloan Digital Sky Survey* lhes medisse os desvios para vermelho de maneira que pudessem ser incluídas no mapa.

Tal como com a CMB, podemos comparar os padrões de estruturas traçadas pelas galáxias com aquilo que esperaríamos num Universo em expansão sujeito à gravidade. O resultado? Pormenorizadas simulações em computador, incluindo os efeitos da matéria escura e da energia escura, deram azo a estruturas cujas propriedades estatísticas se conjugam lindamente com aquelas que se veem na imagem do *Sloan*.

Isto, portanto, é o triunfo final do modelo do *Big Bang*. Explorámos as previsões do modelo e comparámo-las com as observações de todas as maneiras que pudemos. Inferimos que o Universo nasceu há 13,8 mil milhões de anos e que é ligeiramente mais velho do que a idade das estrelas mais antigas. Concluímos que os núcleos de hidrogénio e de hélio se formaram nos primeiros minutos após o *Big Bang*, numa relação de 12:1, que é exatamente aquela que observamos. Previmos a existência e a temperatura da CMB. Previmos que a CMB não devia ser completamente plana, mas que devia mostrar flutuações de uma parte em cem mil, com propriedades estatísticas em belo acordo com as observações. Finalmente, os modelos computacionais de como tais flutuações deviam crescer sob a instabilidade gravitacional preveem hoje um Universo altamente estruturado, com galáxias dispostas ao longo de filamentos que têm centenas de milhões de anos-luz de comprimento, tal como revelam os mapas do *Sloan Digital Sky Survey*. O modelo do *Big Bang* é, de longe, mais do que «uma mera teoria». É suportado por um vasto arraial de evidências empíricas e quantitativas, e passou com a nota mais elevada em todos os testes que lhe fizemos.

CAPÍTULO 7

A INFLAÇÃO E O MULTIVERSO

J. Richard Gott

Interpretemos os resultados de Hubble sobre a expansão do Universo nos termos da teoria da relatividade geral de Einstein, a sua teoria do espaço-tempo curvo para explicar a gravidade. Em 1915, Einstein publicou as equações de campo da sua teoria. A teoria da gravidade de Newton descrevia massas criando forças que agiam à distância. A lei da gravidade de Newton dizia que dois corpos se atraíam um ao outro com uma força proporcional ao produto das suas massas dividido pelo quadrado da distância entre os seus centros. Mas Einstein explicou a gravidade de uma forma completamente diferente. Ele já havia demonstrado na sua teoria da relatividade especial que vivemos num Universo quadridimensional, com uma dimensão de tempo e três dimensões de espaço (altura, largura e profundidade). Esta teoria conduziu à sua famosa equação $E = mc^2$. A teoria da relatividade geral de Einstein indicava que esse *espaço-tempo* — como ele lhe chamou — quadridimensional poderia ser curvo, e as equações mostravam como. As massas, portanto, movem-se simplesmente ao longo das trajetórias mais retas possível nesse espaço-tempo curvo. Sobre a superfície curva da Terra, um avião que voe em linha reta traçará uma grande rota circular chamada uma *geodésica*. Um avião que percorra a distância mais curta entre Nova Iorque e Tóquio — ao longo de uma grande rota circular —, passará sobre o Norte do Alasca. Esse percurso parecerá curvo num tradicional e familiar mapa *Mercator* da Terra, mas na verdade é o caminho mais retilíneo no globo. É um conceito muito simples e, além disso, não há qualquer ação à distância. As coisas do Universo (matéria, radiação) num determinado local fazem com que o espaço-tempo se encurve de uma maneira específica *nesse local*. As partículas, e os planetas, também recebem localmente as suas ordens de marcha: limitam-se a ir a direito no espaço-tempo curvo. A matemática necessária para derivar as equações do espaço-tempo curvo é, porém, difícil e exigiu a Einstein oito anos de trabalho árduo, com a ajuda de outros, para perceber como fazê-la. As equações de Einstein eram de grande alcance. Até explicavam uma rotação gradual, ou precessão, na órbita de Mercúrio, que os astrofísicos já haviam observado, mas que a lei da gravidade de Newton não conseguia explicar.

Einstein calculou o caminho geodésico que a luz seguiria no espaço-tempo curvo e vazio em redor do Sol. Descobriu que um raio de luz de uma estrela distante que passasse à beira do Sol a caminho da Terra seria defletido em 1,75 segundos de arco. Era o dobro da quantidade que Newton tinha calculado, 0,875 segundos de arco. Como se observam as estrelas perto do Sol? Basta esperar por um eclipse solar total, quando a Lua passa diretamente entre a Terra e o Sol, bloqueando inteiramente a luz brilhante da superfície solar. Para se ver essas deflexões, podiam medir-se as localizações exatas das estrelas numa fotografia captada durante o eclipse e compará-las com as posições que tinham sido medidas muitos meses antes, quando o

Sol estava distante dessas estrelas no céu. O próprio Einstein propô-lo como teste drástico à sua teoria.

Foram montadas duas expedições britânicas para observar o eclipse solar que ocorreu em 29 de maio de 1919. Uma rumou a Sobral, no Brasil, e outra à Ilha do Príncipe, ao largo da costa ocidental de África. *Sir* Arthur Eddington reportou os resultados durante uma sessão conjunta da Royal Society e da Royal Astronomical Society, em Londres, no dia 6 de novembro de 1919. A partir de Sobral, foi observada uma deflexão de 1,98 ± 0,30 segundos de arco, ao passo que no Príncipe se observou uma deflexão de 1,61 ± 0,30 segundos de arco. Ambos os resultados concordavam com o valor de Einstein de 1,75 segundos de arco dentro das incertezas observacionais de ± 0,30 segundos de arco, e ambos estavam em desacordo com Newton. O físico J. J. Thompson, que foi quem descobriu o eletrão, presidiu a essa sessão e declarou que a relatividade geral era «uma das maiores proezas do pensamento humano».

No final do século XX, houve um programa de televisão sobre os maiores momentos desportivos desse século. Apresentava, como seria de esperar, Jessie Owens a vencer a corrida dos cem metros nos Jogos Olímpicos de Berlim em 1936; o cavalo *Secretariat* a vencer a Belmont Stakes por 31 comprimentos, completando assim a *Triple Crown* do hipismo; e Muhammad Ali a derrubar George Foreman no Zaire, retomando o título de campeão do mundo de boxe em pesos-pesados. Se esse programa tivesse incluído as maiores jogadas do século XX, certamente teria imaginado Newton e Einstein num campo de basquetebol, com Newton a driblar com a bola ao longo do terreno de jogo. E não se trata de uma bola qualquer, é a sua teoria da gravidade — o feito de que ele mais se orgulhava. Einstein avança, rouba-lhe a bola, efetua um lançamento, e *pumba*. Foi a maior jogada na ciência durante o século XX.

Em 1922, o físico russo Alexander Friedmann descobriu uma solução dinâmica para as equações de campo de Einstein, de 1915, que causou impacto em toda a cosmologia. Recordemos a nossa imagem de um balão com moedas de cêntimo coladas na sua superfície, para representar as galáxias. O balão hipotético de Friedmann começa com uma dimensão zero. Esse é o momento do *Big Bang*. Infla-se o balão. À medida que o balão se expande, as moedas afastam-se. Sentemo-nos sobre uma dessas moedas. Uma moeda que esteja próxima de nós irá afastar-se lentamente enquanto o balão se expande. Uma moeda que esteja mais distante irá afastar-se de nós mais rapidamente. Na verdade, uma moeda que esteja ao dobro da distância irá afastar-se de nós ao dobro da velocidade. Três vezes mais longe, três vezes mais depressa. Bem, essa é precisamente a lei de Hubble. Quanto mais longe de nós estiver outra moeda, mais borracha em expansão haverá entre nós e ela, e mais depressa ela se afastará de nós. As outras galáxias estão a afastar-se de nós porque o espaço curvo em que vivemos está a expandir-se. Nenhuma moeda é especial — o Universo tem o mesmo aspeto visto a partir de qualquer moeda. O Princípio Copernicіano é acatado. Com esta metáfora, estamos a mostrar apenas duas dimensões do espaço, as duas dimensões da superfície do balão. É essa a inteira representação do Universo. Esqueçamos o interior e o exterior do balão. Esses não interessam. O modelo de Friedmann possui efetivamente todas as três dimensões do espaço, que se expande enquanto superfície de um maior volume dimensional chamado esfera 3, mas qualquer fatia bidimensional no Universo de Friedmann assemelha-se exatamente à superfície de um balão em expansão. A ilustração de um balão é exata, mas deixa de fora uma dimensão do espaço para que os nossos cérebros consigam visualizar o que acontece. No modelo de Friedmann, o balão continua a expandir-se, mas abranda e acaba por parar quando atinge a sua dimensão máxima, e começa então a contrair-se, acabando por se transformar ultimamente num ponto, naquilo a que se chama o *Big Crunch*.

Um *diagrama de espaço-tempo* disso (ver Figura 6) assemelha-se a uma bola de futebol americano na vertical, posicionada com o aspeto que teria quando estivesse pronta para o início da partida.

Neste diagrama, o tempo desloca-se verticalmente, com o futuro na direção do cimo. Apenas é mostrada uma dimensão do espaço como secção transversal circular (do balão) cujo raio se altera com o tempo. A única coisa que é real aqui é a própria superfície da «bola». O interior e o exterior dela não são reais. Estamos a incrustar a bola num espaço dimensional superior só para podermos visualizá-la. O Universo deste balão começa com raio zero no *Big Bang* (em baixo). Depois expande-se para uma circunferência maior com o tempo, até que atinge uma circunferência máxima a meio da bola, e começa então a encolher, colapsando finalmente para raio zero num *Big Crunch* no termo desse processo. Os caminhos das galáxias ao longo do espaço-tempo, aos quais se chama *linhas mundiais*, são geodésicas ao longo das costuras da bola de futebol americano que começam no *Big Bang* e acabam no *Big Crunch*. Essas linhas mundiais são tão retas quanto possível. Poderia conduzir-se uma camioneta ao longo delas sem nunca ter de se virar o volante. Isto mostra as equações de Einstein no seu melhor momento. A massa de todas as galáxias no Universo está a fazer com que o espaço-tempo encurve, e a curvatura

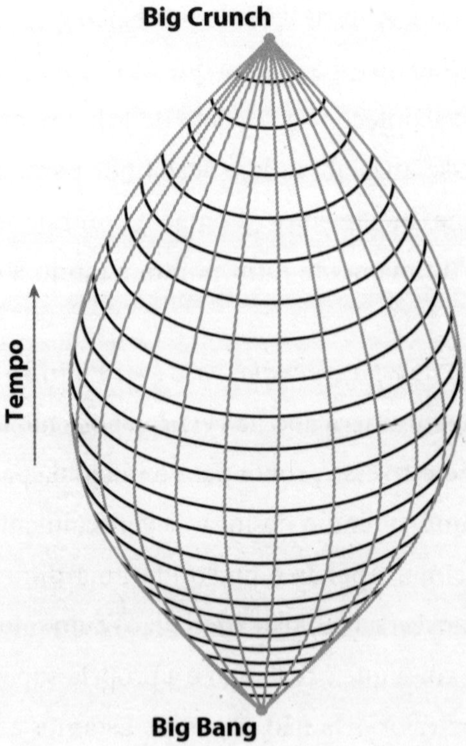

Figura 6. O Universo do *Big Bang* de Friedmann. Este diagrama do espaço-tempo mostra apenas uma dimensão do espaço (a circunferência da forma da bola de futebol americano) e uma dimensão do tempo (vertical). O *Big Bang* está no início; o Universo começa por se expandir, mas acaba por se contrair, terminando num *Big Crunch*.
Créditos: Adaptado de J. Richard Gott (*Time Travel in Einstein's Univese*, Houghton Mifflin, 2001).

do espaço-tempo faz com que as linhas mundiais das galáxias — as costuras — se verguem. Logo após o *Big Bang*, todas as galáxias se estão a afastar umas das outras. Vivemos presentemente na metade inferior da bola de futebol americano, quando as galáxias se estão a afastar com o tempo. Mas, neste exemplo, a atração gravitacional (curvatura) faz abrandar a sua expansão até uma momentânea paragem a meio, no equador da bola, e depois, na sua metade superior, faz com que as galáxias comecem a mover-se em direção umas às outras. As distâncias entre as galáxias, à medida que elas percorrem as costuras, começam a diminuir quando a circunferência do Universo começa a encolher. Todas elas chocam umas com as outras no *Big Crunch*. Ninguém quererá estar ao pé delas! Quando o volume do Universo encolhe para zero, seremos esmagados quando atingirmos uma *singularidade* do *Big Crunch*, um lugar em que a curvatura se torna infinita.

O tempo começa no *Big Bang* — está ali uma singularidade de curvatura infinita. O que aconteceu antes do *Big Bang*? Esta pergunta não faz qualquer sentido no contexto da relatividade geral, porque o tempo e o espaço foram criados no *Big Bang*. É como perguntar o que está a sul do Polo Sul. Se formos cada vez mais para sul, acabaremos por chegar ao Polo Sul. Mas não poderemos aventurar-nos mais para sul. Do mesmo modo, se recuarmos cada vez mais no tempo, acabaremos por chegar ao *Big Bang*. Foi então que o espaço e o tempo foram criados, e é o momento mais anterior a que se pode ir.

O modelo de Friedmann em 1922 representava um Universo de alta densidade, onde a atração gravitacional das galáxias umas pelas outras era suficientemente forte para, em última instância, interromper a expansão e iniciar uma contração que terminava num *Big Crunch*. Esse Universo contém um número finito de galáxias. Em 1924, Friedmann produziu um modelo para um Universo de baixa densidade. Aqui, a atração gravitacional das galáxias umas pelas outras não é suficientemente grande para superar a expansão, e o Universo expande-se para sempre. Mais à frente, voltaremos a considerar este modelo de baixa densidade.

Embora Friedmann tivesse publicado em 1922 a sua solução para um Universo de alta densidade, quase ninguém lhe prestou atenção.

Só quando Hubble descobriu o Universo em expansão em 1929. As linhas mundiais das galáxias estavam a afastar-se. Isso colocar-nos-ia na metade inferior da bola de futebol americano vertical de Friedmann em 1922, durante a fase de expansão.

Recordemos que ninguém havia falado anteriormente de algo que se assemelhasse a um Universo em expansão. As pessoas teriam perguntado: a expandir-se em *quê*? Mas na teoria de Einstein é o próprio espaço curvo que está a expandir-se. Não está a expandir-se para coisa alguma; está apenas a esticar-se. É o espaço que conecta todas as galáxias que está simplesmente a tornar-se maior. Espantoso. Foi uma forma de pensar inédita e um salto teórico. Mais tarde, a revista *Time* viria a designar Einstein como a pessoa mais influente do século XX.

O modelo do *Big Bang* de Friedmann tem sido notavelmente bem-sucedido (ver Capítulo 6), mas restam algumas perguntas. Porque foi o *Big Bang* tão uniforme? Quando olhamos em diferentes direções, a temperatura da radiação cósmica de fundo em micro-ondas (CMB) é uniforme até uma parte por cem mil. Como é que essas diferentes regiões «sabem» estar à mesma temperatura? Quando olhamos numa direção, vemos até 13,8 mil milhões de anos-luz. Estamos a olhar de novo para um tempo em que o Universo tinha apenas 380 mil anos de idade. Se olharmos 13,8 mil milhões de anos-luz na direção oposta, efetuando um ângulo de 180º no céu, vemos uma outra região que está essencialmente à mesma temperatura. No modelo normal do *Big Bang*, estas duas regiões em lados opostos do céu, 380 mil anos depois do *Big Bang*, estavam separadas por uma distância de 86 milhões de anos-luz. Isto é demasiado distante para que qualquer meio de influência (mesmo à velocidade da luz) se tivesse propagado durante o breve tempo em que o Universo estava por ali. Normalmente, se vemos duas regiões à mesma temperatura, é porque elas tiveram tempo para interagir, partilhar energia e atingir um equilíbrio térmico. Mas, no modelo normal do *Big Bang*, partes amplamente separadas da CMB não tiveram tempo para estar em contacto causal umas com as outras. Sendo assim, como poderia a CMB ser tão uniforme?

E de onde vieram as flutuações de uma parte por cem mil? O Universo era quase perfeitamente uniforme, mas não inteiramente. Era um mistério. Precisávamos de explicar a uniformidade geral e depois as flutuações mínimas também.

Em 1981, Alan Guth propôs uma solução: o Universo começara com um curto período de expansão acelerada a que chamou *inflação*. Num diagrama do espaço-tempo, isso assemelhava-se à boca de um pequeno trompete apontada para cima de maneira que sustivesse a bola do espaço-tempo de Friedmann (ver Figura 7).

Este modelo começa com uma circunferência finita perto do bocal do trompete, que depois se torna drasticamente maior à medida que vamos subindo no tempo até à boca do trompete em forma de sino. A ponta inferior da bola de futebol de Friedmann é substituída por uma pequena boca de trompete com circunferência finita na base — talvez tão pequena quanto 10^{-26} centímetros. A época do trompete dura um pouco mais do que a ponta do *Big Bang* na bola duraria por si só, e esse tempo extra dá às diferentes regiões que vemos hoje em dia na CMB o tempo suficiente para que entrem em contacto causal. No início, a circunferência é tão pequena que as diferentes regiões, beneficiando desse pedacinho de tempo extra, podem entrar em contacto causal, e depois a expansão acelerada durante a época do trompete afasta-as mais umas das outras.

Figura 7. Princípio inflacionário (trompete) para iniciar um Universo do *Big Bang* de Friedmann (bola de futebol americano).
Créditos: J. Richard Gott.

O que é que causou a inflação, se foi isso que realmente aconteceu no Universo primordial?

Em 1917, numa tentativa fracassada para produzir um modelo cosmológico em que o Universo é estático — não se expandindo nem contraindo —, Einstein introduziu um novo termo nas suas equações de campo, chamado *constante cosmológica*. Friedmann abandonou a constante cosmológica e descobriu a cosmologia dinâmica do *Big Bang* que já aqui descrevemos. Mas em 1934 Georges Lemaître demonstrou que incorporar a constante cosmológica equivalia a supor que o Universo tinha uma pequena densidade de energia de vácuo acompanhada por uma pressão negativa (uma espécie de sucção universal) de igual magnitude. Estamos habituados a pensar que o espaço vazio tem uma densidade zero. Afinal, ele está desprovido de todas as partículas e radiação. Mas o vácuo do espaço vazio pode ter uma densidade de energia devida aos campos que preenchem o Universo. Um exemplo é o *campo de Higgs*, que permeia todo o espaço e dota as partículas da sua massa. Há uma partícula associada a ele, a partícula de Higgs, que foi descoberta em 2012 no Grande Colisor de Hadrões europeu; François Englert e Peter Higgs venceram o Prémio Nobel da Física em 2013 pelo seu trabalho teórico sobre o assunto. Se o campo de Higgs permeia todo o espaço vazio, então pode haver outros campos como esse que contribuam para a energia de vácuo do Universo em épocas primordiais. A quantidade de energia de vácuo presente depende das leis da física. Guth argumentou que no Universo primordial as forças eletromagnéticas fracas e fortes teriam estado unidas numa única superforça e, em consequência, a energia de vácuo nesse tempo poderia ter sido muito alta, ao invés do que sucede hoje. Se isto for verdade, então a constante cosmológica não era realmente uma constante, como Einstein supusera, mas poderia mudar com o tempo. A acompanhar essa densidade de alta energia estava uma igualmente grande pressão negativa, garantindo, pelas leis da teoria da relatividade especial de Einstein, que a energia de vácuo tal como vista por diferentes observadores que viajassem a diferentes velocidades pelo espaço seria a mesma para todos. Assim, não haveria qualquer padrão preferido de repouso no espaço vazio, como Einstein postulara quando formulou pela primeira vez a sua teoria da relatividade especial em 1905. Essa pressão negativa seria uniforme e não exerceria forças hidrodinâmicas. Recordemos que são necessárias *diferenças* de pressão para que o vento sopre e nos derrube. Mas as equações de campo da relatividade geral de Einstein a partir de 1915 mostram que tanto a pressão como a densidade de energia gravitam. A densidade da energia de vácuo produz uma atração gravitacional, mas a pressão *negativa* de igual magnitude opera em três direções, produzindo uma *repulsão* gravitacional três vezes maior. Este estado de vácuo manifestar-se-ia como uma repulsão gravitacional global, que, de acordo com as equações de Einstein, teria iniciado no Universo a expansão acelerada que Guth pretendia. Foi, por conseguinte, essa repulsão gravitacional que produziu a expansão inicial a que chamamos o «Big Bang».

Na verdade, esta solução em forma de trompete para as equações de campo de Einstein já havia sido descoberta por Willem de Sitter em 1917. Ele resolveu as equações de campo de Einstein para o caso do espaço vazio com uma constante cosmológica e nada mais. Chamamos àquilo que ele descobriu o *espaço de De Sitter*. Em períodos mais tardios, este espaço mostra exatamente a geometria do espaço-tempo em forma de trompete de que Guth necessitou para a sua teoria. Tal como é medida por relógios transportados por partículas neste espaço-tempo, a circunferência do Universo parece dobrar a cada intervalo de tempo sucessivo, aumentando como 1, 2, 4, 8, 16, 32, 64, 128, 256, 512, 1024, ..., o que resulta numa expansão exponencialmente acelerada. É como a inflação de má moeda, e foi por isso que Guth chamou *inflação* a este modelo.

A separação no espaço entre duas partículas neste espaço-tempo aumenta exponencialmente. Pensemos num balão que duplica de tamanho a cada segundo enquanto se enche. Por fim, a distância entre duas moedas sobre o balão irá aumentar mais depressa do que a velocidade da luz. Isso não viola a teoria da relatividade especial de Einstein, a qual diz apenas que a nave espacial de alguém não poderá *passar* por nós a uma velocidade superior à velocidade da luz. Mas a relatividade geral permite que o espaço *entre* duas partículas se estique tão depressa que a luz não consiga transpor a distância cada vez maior entre elas. O espaço-tempo de De Sitter explica como as partículas podem estar em comunicação e atingir equilíbrio térmico perto do fundo do funil, a cintura de De Sitter, e depois espalhar-se a grandes distâncias à medida que o funil se alarga com o tempo.

Guth propôs ultimamente um tal funil para iniciar o Universo, com uma circunferência inicial (a «cintura» de De Sitter) que se calcula ser tão pequena quanto 10^{-26} centímetros. Guth necessitava apenas de um minúsculo volume de estado de vácuo de alta densidade no início. Os efeitos repulsivos da grande pressão negativa teriam causado que o espaço-tempo começasse a expandir-se, e depois a expandir-se cada vez mais depressa, com a dimensão do Universo a duplicar porventura a cada 3×10^{-38} segundos (dependendo o valor exato dos detalhes do modelo). O Universo tornar-se-ia muito grande numa muito curta quantidade de tempo. À medida que o Universo se expandisse, porém, a densidade de energia do estado de vácuo permaneceria a mesma durante esse período inflacionário. Uma pequena região de alta densidade de energia expandir-se-ia até se transformar numa grande região que tivesse a mesma alta densidade de energia.

Curiosamente, isso não viola a conservação *local* de energia (por exemplo, em pequenas vizinhanças), que é um dos princípios básicos da física moderna. Se eu tivesse uma pequena caixa de fluido de alta densidade com pressão negativa e expandisse as paredes da caixa, teria de me esforçar para puxar as paredes da caixa para fora, contra a pressão negativa que estava a resistir à expansão. O esforço que eu fizesse a puxar as paredes para trás contra essa pressão negativa (ou sucção) iria acrescentar energia ao fluido — a suficiente para manter a sua densidade de energia no mesmo nível elevado enquanto o volume da caixa se expandia. Assim, a energia seria conservada localmente, tal como é exigido pela relatividade geral. Mas, no Universo, o que é que está a puxar as paredes da minha caixa? É apenas a pressão negativa proveniente de outras pequenas caixas de espaço-tempo semelhantes e próximas dela. Desde que a pressão seja uniforme em todo o Universo, a própria expansão faz isso.

Deste modo, o estado de vácuo é «autorreprodutor», tornando-se exponencialmente grande a partir de um minúsculo início. Por causa disso, Guth comentou que o Universo «é o derradeiro almoço grátis». Recordemos que ele havia sugerido que o estado de vácuo que impelia a inflação era causado pela superforça que unificava as forças forte, fraca e eletromagnética. No entanto, esse estado de vácuo não poderia durar para sempre e acabaria por decair, à medida que as forças forte, fraca e eletromagnética se separassem e se tornassem distintas umas das outras. Entretanto, à medida que a densidade de energia no vácuo do espaço vazio caísse, a energia seria convertida num banho de partículas elementares quentes — exatamente as condições que Gamow postulara para a sua teoria do *Big Bang* quente.

É aqui que o trompete inflacionário no início do Universo se junta à base do modelo de Friedmann em forma de bola de futebol americano. A expansão do Universo começa então a desacelerar, como no modelo da bola. A pressão é agora somente a pressão térmica vulgar das partículas, que é positiva. A inflação fornece uma explicação natural de como foram produzidas as condições iniciais do modelo do *Big Bang* de Friedmann. Os efeitos gravitacionais repulsivos do estado de vácuo inicial (através da sua pressão negativa) iniciaram o *Big Bang*! O *Big Bang* não teve de começar com uma singularidade, mas, em vez disso, poderia começar com uma pequena região de vácuo de alta densidade. A inflação explica simultaneamente porque é que o Universo era tão grande e porque era ele tão uniforme. Quaisquer rugas seriam alisadas enquanto o Universo se esticava até à sua enorme dimensão. Isso também poderia explicar as pequenas flutuações de uma parte por cem mil que nós observamos. Ao princípio, o Universo estava a duplicar de tamanho a cada 3×10^{-38} segundos. Nestas pequenas escalas temporais, o princípio da incerteza de Heisenberg na física quântica assegura flutuações aleatórias de energia em qualquer campo. Durante a inflação, essas minúsculas regiões irão expandir-se enormemente para semear as gigantescas estruturas cósmicas que vemos nos dias de hoje. Na verdade, o padrão de esponja dos filamentos que hoje vemos nos agregados de galáxias (ver Figura 5) — a *teia cósmica* —, bem como o padrão de

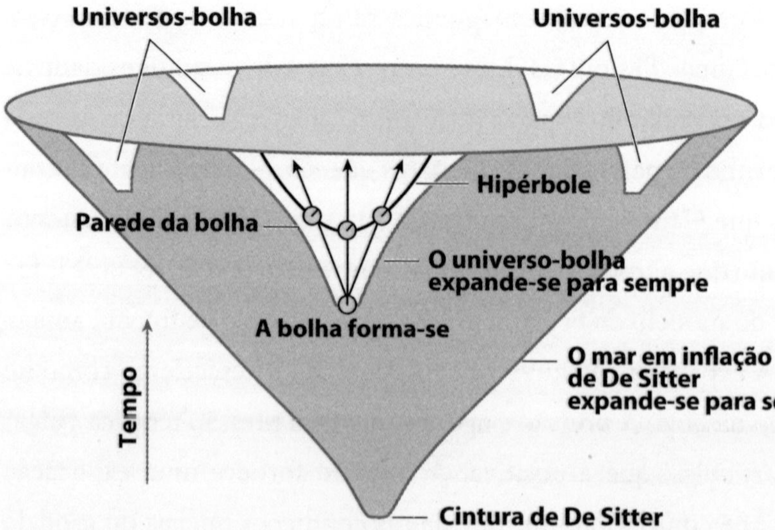

Figura 8. Universos-bolha formando-se num mar em inflação — um multiverso.
Créditos: Adaptado de J. Richard Gott (*Time Travel in Einstein's Universe*, Houghton Mifflin, 2001).

pontos quentes e frios na CMB, indicam que as condições iniciais eram aleatórias precisamente da maneira esperada a partir das flutuações quânticas previstas pela inflação.

A inflação tinha, no entanto, um problema, que Guth reconheceu. O estado de vácuo de alta densidade no início não deveria decair para partículas vulgares de uma só vez. Esse mar de alta densidade em inflação haveria de decair em bolhas distintas de vácuo de baixa densidade, um fenómeno que foi investigado por Sidney Coleman. É como água a ferver dentro de uma panela. Formam-se na água bolhas de vapor. Mas esta não era uma distribuição uniforme — não era o Universo uniforme que esperávamos. Em 1982, eu propus que a inflação produziria universos-bolha — cada bolha expandir-se-ia para produzir um Universo separado como o nosso (ver Figura 8).

Este diagrama do espaço-tempo mostra uma dimensão de espaço, a circunferência do funil inflacionário de Guth, e a dimensão do tempo é mostrada verticalmente, com o futuro em cima. Na base, o funil começa com uma pequena circunferência, designada como «cintura de De Sitter». Isso representa a circunferência (10^{-26} centímetros) de um minúsculo Universo esfera 3, semelhante a um balão. Os efeitos gravitacionais repulsivos da pressão negativa fazem a circunferência do funil aumentar cada vez mais rapidamente enquanto subimos em direção ao futuro e enquanto a esfera 3 (o balão) se enche.

No meu modelo, todo o Universo observável está contido dentro de uma das bolhas de baixa densidade. A partir do interior da nossa bolha, olhamos para o espaço e recuamos no tempo, pelo que apenas vemos o nosso próprio universo-bolha e o mar em inflação uniforme antes de ele ser criado — não vemos as outras bolhas. Tudo nos parece uniforme, resolvendo o problema da não-uniformidade de Guth. A bolha expande-se quase à velocidade da luz. Mas o mar em inflação expande-se tão depressa que as bolhas nunca se infiltram até preencherem todo o espaço. Estão a formar-se constantemente novos universos-bolha, e o mar em inflação expande-se entre eles de modo que fornece espaço para que se formem ainda mais universos-bolha. Isso acaba por criar um número infinito de universos-bolha que se formam num mar em perpétua expansão — aquilo a que agora chamamos um *multiverso*. Esses universos-bolha expandir-se-iam para sempre.

Uma *superfície de época constante* no nosso Universo é aquela pela qual os despertadores em partículas individuais tocam todos ao mesmo tempo, mostrando uns aos outros o mesmo tempo decorrido desde o evento de formação da bolha. A sua forma é hiperbólica, porque, de acordo com a relatividade especial, as partículas que vão mais depressa (para a esquerda e para a direita) têm relógios que batem mais devagar e, por conseguinte, o ponto em que os despertadores delas tocam está atrasado. Isso produz uma forma hiperbólica que é infinita em extensão, já que se dobra para cima dentro da parede em expansão da bolha (tal como é mostrado na Figura 8). Essa é exatamente a geometria que o Universo de baixa densidade de Friedmann em 1924 requer. Por fim, à medida que a nossa bolha se expande para um volume infinito no futuro infinito, formar-se-á um número infinito de galáxias no interior da nossa bolha. À medida que o mar em inflação continua a expandir-se para sempre também fora da nossa bolha, um número infinito de infinitos universos-bolha poderia ser produzido a partir de um espaço de De Sitter inicial muito pequeno, finito e de alta densidade, na cintura de De Sitter (tal como indicado na Figura 8).

A densidade da energia de vácuo — a densidade de energia do espaço vazio — pode ser vista como a altitude numa paisagem. Diferentes locais da paisagem correspondem a diferentes valores de campos de energia (como o campo de Higgs) que contribuem para a energia de vácuo. Diferentes locais, correspondendo a diferentes valores dos campos, correspondem também a diferentes altitudes — diferentes valores de densidade da energia de vácuo. Hoje em dia, experimentamos uma muito baixa densidade da energia de vácuo — estamos perto do nível do mar. Mas, no Universo primordial, a densidade da energia de vácuo era elevada, como se se ficasse encurralado no vale de uma alta montanha (ver Figura 9).

Uma bola encurralada no vale de uma alta montanha tem um estado de energia mais baixo para onde poderá ir — o nível do mar.

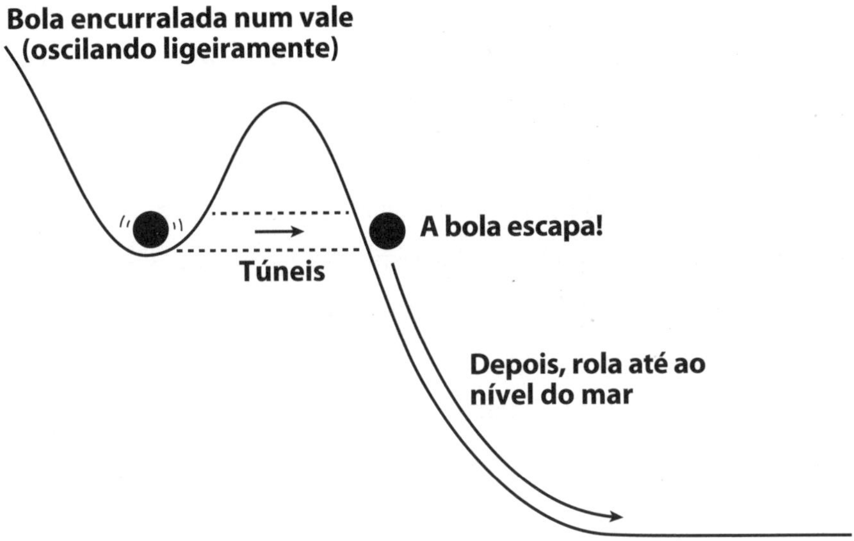

Figura 9. Tunelamento quântico.
Créditos: J. Richard Gott (*Time Travel in Einstein's Universe*, Houghton Mifflin, 2001).

Mas fica encurralada se estiver rodeada de montanhas por todos os lados. No Universo de Newton, ela não teria maneira alguma de escapar e rebolar pela encosta abaixo, mas o *tunelamento quântico* permite-lhe sair através das montanhas circundantes antes de descer para o nível do mar.

Os universos-bolha poderiam ter diferentes leis da física se efetuassem o tunelamento para *diferentes* vales de baixa altitude onde os valores dos vários campos diferissem. As leis da física que vemos no nosso Universo particular poderiam ser apenas regulamentos locais, tal como foi sublinhado por Andrei Linde e Martin Rees.

O tunelamento quântico foi descoberto por George Gamow. À escala dos núcleos atómicos individuais, explicava a decadência radioativa do urânio. Os núcleos de urânio decaem emitindo uma partícula alfa (um núcleo de hélio com dois protões e dois neutrões).

Essa partícula alfa fica encurralada dentro do núcleo pela força nuclear forte, que funciona como a cordilheira montanhosa que rodeia aquele vale na montanha. Mas a força nuclear forte é apenas de curto alcance. Se a partícula alfa conseguisse de alguma maneira sair do núcleo, para lá da influência da atração da força forte, poderia escapar. A partícula alfa tem carga positiva e seria assim repelida pelo núcleo com carga positiva. Rebolaria pelo monte abaixo, para longe do núcleo, e a energia cinética que ela adquirisse dever-se-ia à repulsão eletrostática. A partir da energia que tem uma partícula alfa emitida quando o urânio decai, os físicos conseguiram calcular a que altura da montanha ela começara. Veio a descobrir-se que ela tinha sido emitida *fora* do núcleo de urânio! Como fora ela até lá? A física quântica diz-nos que, tal como a luz se pode comportar simultaneamente como onda e como partícula, também as partículas alfa o fazem. A natureza ondular de uma partícula alfa significa que ela não está bem localizada, num sentido que foi captado pelo princípio da incerteza de Heisenberg. Gamow descobriu que havia uma pequena probabilidade de a partícula alfa poder «tunelar» através da montanha que a mantinha dentro do núcleo de urânio e encontrar-se subitamente já muito longe do núcleo, onde rebolaria pelo monte abaixo desde o núcleo devido à repulsão eletrostática. Isto faz-me lembrar um *koan zen*: *Como é que o pato sai da garrafa?* (cujo gargalo é demasiado estreito para que o pato possa fugir)? Resposta: *O pato já saiu!* Portanto, a partícula alfa efetua um tunelamento quântico através da montanha, e «a partícula alfa já saiu».

No caso do universo-bolha, o vale da montanha representa o Universo inflacionário inicial, na cintura de De Sitter, com a sua alta densidade de energia de vácuo. Esse Universo sentir-se-ia feliz por permanecer para sempre num estado de alta densidade em expansão perpétua, mas ao fim de muito tempo (porventura muitos milhares de milhões de anos de inflação), existe a possibilidade de que ele efetue um tunelamento através da montanha, de onde rebolará até ao nível do mar, libertando a energia do vácuo em energia cinética e na criação de partículas elementares. Esse tunelamento representa a formação instantânea de uma pequena bolha com uma densidade de energia de vácuo no seu interior que é ligeiramente menor do que a densidade da energia de vácuo no exterior. A pressão negativa no exterior da bolha é mais forte do que a pressão negativa no interior da bolha, e a diferença puxa a parede da bolha para fora. Ela expande-se cada vez mais depressa, acabando por se aproximar da velocidade da luz. Entretanto, no interior da bolha, a densidade da energia de vácuo vai rebolando vagarosamente pela encosta até ao nível do mar. A inflação prossegue por algum tempo dentro da bolha enquanto isso acontece. Quando ela já rebolou até ao nível do mar e depositou a sua energia de vácuo na forma de partículas, a inflação detém-se, e começa a fase de Friedmann. Foi este tipo de cenário que Andrei Linde e também Andreas Albrecht e Paul Steinhardt publicaram independentemente pouco depois de o meu artigo ter surgido. No exterior da bolha, o estado de vácuo permanece no vale da montanha e um mar em interminável inflação prossegue a sua rápida e acelerada expansão (ver de novo a Figura 8).

Eu tinha discutido a geometria e a relatividade geral envolvidas na formação do universo-bolha por tunelamento quântico para fazer aquilo a que hoje chamamos um «multiverso». Exigi que a inflação continuasse no interior do universo-bolha durante algum tempo para criar o universo mais vasto em que vivemos. Nos modelos de

Linde e de Albrecht e Steinhardt, isso ocorria naturalmente, dado que a densidade da energia de vácuo dentro da bolha demorava algum tempo a rebolar vagarosamente pela encosta abaixo até ao nível do mar. No final de 1982, Stephen Hawking publicou um artigo que adotava a ideia do universo-bolha e mostrava que as flutuações quânticas iniciais se expandiriam com a inflação até aparecerem em escalas cosmológicas, tendo exatamente a forma necessária para semear com sucesso a formação de galáxias e de agregados de galáxias. A estrutura subsequentemente observada na distribuição das galáxias e nas flutuações da CMB concorda lindamente com as previsões derivadas da inflação.

Embora seja possível que um universo-bolha vizinho colida com o nosso no futuro distante (porventura daqui a 10^{1800} anos, criando no céu um súbito ponto quente cuja radiação provavelmente mataria toda a vida que por lá existisse então), a maioria desses outros universos no multiverso está oculta da nossa visão para sempre porque estão tão distantes que a luz proveniente deles nunca consegue atravessar a região em inflação perpétua que nos separa. Parece assaz evidente que, logo que ela começa, é difícil parar a inflação. Continuará a expandir-se para sempre, criando um multiverso com um número infinito de universos, um dos quais é o nosso.

Apesar de não conseguirmos ver outros universos no multiverso, temos razões para pensar que eles existem, porque parecem ser uma previsão inevitável da teoria da inflação. E a inflação explica uma abundância de dados da observação.

A inflação recebeu um grande impulso das medidas das flutuações na radiação cósmica de fundo em micro-ondas pelos satélites *WMAP* e *Planck*. Elas mostraram que o Universo tem aproximadamente uma curvatura zero. Num Universo de curvatura positiva, como o Universo da esfera 3 de Friedmann em 1922, veríamos cada vez menos pontos quentes e frios no mapa das micro-ondas de fundo. Se ele fosse encurvado negativamente, como no Universo hiperbólico de baixa densidade de Friedmann em 1924, haveria mais pontos.

Isto significa que não sabemos realmente qual o sinal da curvatura. A curvatura do Universo está tão próxima de zero que não conseguimos medi-la. Os nossos dados atuais mostram que o Universo visível é plano com uma precisão de 0,2%. Da mesma maneira, um campo de basquetebol parece plano embora saibamos que ele segue a curvatura da Terra. Só que o raio da Terra é muito maior do que o campo de basquetebol, o que garante que a curvatura do campo de basquetebol não é digna de nota. Antigamente as pessoas pensavam que a Terra era plana porque a pequena parte da Terra que elas conseguiam ver lhes parecia plana. Tudo o que realmente sabemos é que o raio da curvatura do Universo é muito maior do que o raio de 13,8 mil milhões de anos-luz até ao qual conseguimos ver — até à CMB. Um Universo em forma de balão positivamente encurvado parecer-nos-ia plano se o seu raio fosse muito maior do que 13,8 mil milhões de anos-luz, tal como um Universo em forma de taça hiperbólica negativamente encurvado e suficientemente expandido, como era requerido pelo modelo de Universo de baixa densidade de Friedmann em 1924, e tal como deveria ocorrer se vivêssemos num universo-bolha. Guth sublinhou que quer o Universo fosse negativamente ou positivamente encurvado, a inflação nos modelos mais simples produziria tipicamente a expansão suficiente para tornar o Universo muito maior do que a parte que conseguimos inspecionar. Guth previu que viríamos a descobrir que o Universo era aproximadamente plano, e décadas mais tarde demonstrou-se que ele tinha razão. Se o nosso Universo for um universo-bolha, o facto de as coisas nos parecerem aproximadamente planas significa apenas que ele continuou a inflar durante «muito» tempo no interior da bolha, enquanto o estado de vácuo rebolava pela encosta abaixo após o tunelamento. Um «longo» período de inflação, digamos 300 duplicações de dimensão tal como vistas a partir do interior da bolha, poderia ser conseguido em apenas 10^{-35} segundos, se o tempo de duplicação fosse de 3×10^{-38} segundos. Isso tornaria o atual raio da curvatura do Universo 10^{90} vezes maior do que a parte que conseguimos ver, pelo que ele nos pareceria plano.

Podemos obter outras informações sobre o nosso modelo cosmológico medindo diretamente a história da expansão do Universo se observarmos a relação entre o desvio para vermelho e a distância até objetos muito longínquos. Os astrofísicos usam as chamadas supernovas de Tipo Ia, cuja luminosidade pode ser calibrada com precisão. Esses dados mostram que a expansão do Universo está presentemente a acelerar, e por tal descoberta Saul Perlmutter, Brian Schmidt e Adam Riess partilharam o Prémio Nobel da Física em 2011. Os modelos que incluem uma quantidade substancial de densidade de energia positiva acompanhada por pressão negativa do vácuo do espaço vazio — energia escura — conseguem produzir a expansão acelerada que constatamos hoje em dia. Essa densidade da energia de vácuo é tal como aquela que nós invocámos para a inflação, mas numa densidade de energia muito mais baixa e, por conseguinte, funcionando numa escala temporal muito mais longa (12,2 mil milhões de anos para duplicar a dimensão do Universo atual em vez de 3×10^{-38} segundos durante a inflação no Universo primordial). Os atuais dados da CMB, das supernovas, da estrutura em larga escala, dos movimentos das galáxias, e da nucleossíntese de elementos leves no Universo primordial, convergem todos para um único modelo inflacionário do *Big Bang* composto por 5% de matéria vulgar, 27% de matéria escura e 68% de energia escura.

Por vezes, diz-se que a energia escura é uma força misteriosa que causa a corrente aceleração da expansão do Universo, ou que não sabemos nada sobre a energia escura. Não é inteiramente verdade. A bem dizer, sabemos muito sobre a energia escura. Sabemos que a sua densidade de energia é positiva, porque a densidade de energia positiva, acima e além da da matéria vulgar e da matéria escura, é necessária para produzir o Universo aproximadamente plano que observamos. Sabemos que a densidade de energia da energia escura é equivalente a cerca de 6×10^{-30} gramas por centímetro cúbico (usando a famosa equação de Einstein $E = mc^2$). Sabemos que a pressão da energia escura é negativa, porque, dado que a densidade de energia da energia escura é positiva, somente uma pressão negativa para a energia escura poderia produzir a repulsão gravitacional requerida para causar a expansão acelerada do Universo que observamos.

Os resultados dos satélites *WMAP* e *Planck*, quando combinados com as supernovas e com outros dados, traçaram com precisão a história da expansão do Universo e, através da aplicação das equações de Einstein, estabelecem a *proporcionalidade da pressão para a densidade de energia* na energia escura atual, uma medida fundamental a que se chama simplesmente w_0. Usando uma fórmula adequada que foi desenvolvida por Zack Slepian e por mim, a equipa do satélite *Planck* descobriu que $w_0 = -1{,}008 \pm 0{,}068$. Esta estimativa é consistente, dentro das incertezas observacionais, com o valor de $w_0 = -1$ que se esperava da energia escura que não se altera com o tempo. Einstein deveria estar contente. O seu termo da constante cosmológica foi afinal uma brilhante ideia!

A força que está a causar a expansão acelerada do Universo é apenas a *gravidade*. E é repulsiva por causa da pressão *negativa* associada à energia escura. Suspeitamos que aquilo a que chamamos energia escura seja uma forma de energia de vácuo produzida por um campo ou campos, mas não sabemos qual ou quais. Sabemos que a quantidade de energia escura é aproximadamente constante com o tempo, mas não sabemos realmente se ela está a cair vagarosamente (a rebolar pela encosta abaixo) ou a subir (a rebolar pela encosta acima). É esse o foco da investigação atual.

Foi proposto recentemente um novo teste independente para a inflação no Universo primordial. Se a inflação faz o Universo duplicar em dimensão aproximadamente uma vez em cada 3×10^{-38} segundos, então o Universo visível na época inflacionária estender-se-ia até uma distância de apenas 3×10^{-38} segundos-luz, ou 10^{-27} centímetros. Essa distância é minúscula, e em concordância com o princípio da incerteza de Heisenberg na física quântica, isso causa flutuações na geometria do espaço-tempo (rugas), que, de acordo com as equações de Einstein, viajam à velocidade da luz. Essas flutuações que se propagam são ondas gravitacionais. Elas deixariam um característico padrão em torvelinho na polarização da radiação de fundo em micro-ondas, o qual em princípio poderia ser medido. Mas até agora a sua deteção revelou-se ilusória. O modelo inflacionário que a equipa do satélite *Planck* julga enquadrar-se melhor nos dados é o de Alexei Starobinsky. O seu tempo de duplicação de 3×10^{-38} segundos no final da época inflacionária produziria ondas gravitacionais de uma amplitude que estaria bem abaixo dos atuais limites superiores da nossa capacidade para as medir. Está em curso uma quantidade de esforços de observação, incluindo com balões de grande altitude e com experiências no terreno na Antártida, para reduzir as incertezas observacionais e testar melhor os modelos inflacionários. Os astrofísicos esperam ansiosamente para ver se essas observações poderão abrir-nos uma nova janela para o Universo primordial.

A inflação tem sido muito bem-sucedida a explicar a estrutura do Universo que vemos. Não sabemos ao certo como a inflação se iniciou, porque a inflação «esquece» as suas condições iniciais à medida que o Universo se expande exponencialmente, dissipando quaisquer componentes iniciais. Mas há algumas especulações.

Como vimos, a inflação pode começar com o Universo de uma minúscula «cintura» de De Sitter de porventura apenas 10^{-26} centímetros, que começará então a expandir-se. Mas de onde é que *isso* veio? Alex Vilenkin propôs que surgisse simplesmente na existência a partir do nada através de tunelamento quântico, um processo análogo ao que ocorre com a formação de universos-bolha. Desta vez, a bola em repouso no vale da montanha corresponderia a um Universo de dimensão zero. Ela tunelaria então através da montanha até se encontrar subitamente do lado de fora da encosta. Isso corresponderia a um Universo de dimensão finita — a cintura de De Sitter. Depois, enquanto rebolava pela encosta abaixo, esta fase corresponderia ao funil de De Sitter (ver Figura 8). James Hartle e Stephen Hawking propuseram um modelo com geometria semelhante.

O tunelamento quântico é certamente estranho. Andamos a procurar algo de estranho que tenha acontecido no início do Universo, porque o que aconteceu então foi verdadeiramente notável. Talvez pudesse ter sido tunelamento quântico. Mas realmente não se começa com nada. Começa-se com um estado quântico correspondente a um Universo de dimensão zero que sabe tudo acerca das leis quânticas da física. Mas como é que o *nada* conhece as leis da física? As leis da física são simplesmente as regras pelas quais as coisas se comportam. Sem coisas, o que significam as leis da física? Confrontamo-nos, portanto, com este problema ao tentarmos produzir um Universo a partir do nada.

Entretanto, Linde notou que um Universo em inflação poderá fazer nascer um outro Universo em inflação por via de uma flutuação quântica. A boca de um trompete inflacionário de De Sitter poderia dar origem a um outro trompete inflacionário, que brotaria dele, tal como os ramos brotam de uma árvore. Um ramo iria então inflar e crescer, até ficar tão grande quanto o tronco, e gerar os seus próprios ramos. Os ramos continuarão a formar ramos, todos a partir de um tronco original. Cada ramo individual é um funil que poderia formar universos-bolha (como na Figura 8). Nós existiríamos num universo-bolha de um dos ramos, mas ainda assim poderia perguntar-se: de onde é que veio o tronco?

Li-Xin Li e eu tentámos responder a essa pergunta. Propusemos que um dos ramos se recurvasse para trás no tempo e crescesse até se tornar o tronco. Quando um ramo se recurva para trás no tempo e cresce até se tornar o tronco, cria um pequeno anel temporal no início que se assemelha ao anel no número «6» (ver Figura 10).

Os quatro funis inflacionários rotulados como 1, 2, 3, 4 são quatro dos universos inflacionários dos ramos de Linde, cada um dos quais formará universos-bolha tal como na Figura 8. O Universo 2 dá origem aos universos 1 e 3. O universo 4 é o universo seu neto. Devido ao anel temporal na base, o universo 2 é a sua própria mãe. Tais

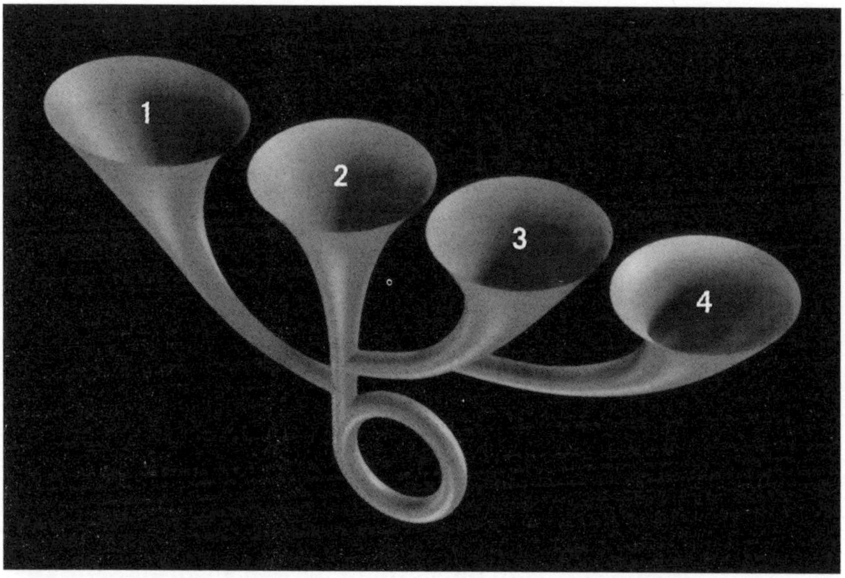

Figura 10. O multiverso autogerador de Gott-Li. O anel em baixo representa uma máquina do tempo; o Universo dá origem a si mesmo.
Créditos: J. Richard Gott, Robert J. Vanderbei (*Sizing Up the Universe*, in *National Geographic*, 2011).

anéis temporais são possíveis na relatividade geral: por exemplo, as soluções do tipo buraco de minhoca [*wormhole*] descobertas por Kip Thorn também os têm, tal como as minhas soluções que envolvem cordas cósmicas. Portanto, este Universo tem uma pequena máquina do tempo no início — cada evento tem eventos que o precedem. Se nos encontrarmos no interior deste pequeno anel temporal, que poderá variar entre 5×10^{-44} segundos e 10^{-37} segundos de extensão, há sempre eventos a circular em sentido contrário ao nosso que estão antes de nós e que nos dão origem na forma causal habitual. Este multiverso é finito para o passado, mas não tem qualquer evento primordial associado.

Uma das coisas maravilhosas acerca da inflação é que um pequeno pedaço de estado de vácuo em inflação se expande até criar um grande volume, cada pedacinho do qual se assemelha exatamente ao pedaço com que começámos. Se um desses pedacinhos *for* o pedaço com que começámos, então temos um anel temporal. Na teoria de Gott-Li, o Universo não é criado a partir do nada, sendo antes criado a partir de alguma coisa, um pedacinho de si mesmo. O Universo pode ser a sua própria mãe.

Hoje em dia, a teoria da inflação está em muito boa forma. Ela explica em pormenor as flutuações que vemos na CMB. Caso duvidemos de que a inflação ocorreu, recordemos que vemos em curso, hoje, uma versão de baixo nível da inflação. A expansão do Universo está a acelerar, causada muito provavelmente por um estado de vácuo de energia escura com uma minúscula densidade de $6{,}9 \times 10^{-30}$ gramas por centímetro cúbico. A inflação depende apenas de uma grande quantidade de energia escura no Universo primordial, e parece provável que produza um multiverso. Que possibilidade tão espetacular. Prossegue a investigação sobre tudo isto.

CAPÍTULO 8

O NOSSO FUTURO NO UNIVERSO

J. Richard Gott

O Universo atual tem 13,8 mil milhões de anos. Quando chegar aos 19 mil milhões de anos, a galáxia Andrómeda terá embatido contra a Via Láctea. Quando chegar aos 22 mil milhões de anos após o *Big Bang*, o Sol terá completado a sequência principal do seu prazo de vida e já se terá transformado numa anã branca.

Como já discutimos, as observações indicam que o Universo está cheio de energia escura, caracterizada por uma pressão que é igual em magnitude à sua densidade de energia, mas *negativa* — dinamicamente equivalente à constante cosmológica de Einstein. Enquanto a matéria do Universo se dissipa por força da expansão, a energia escura permanece, não obstante, na mesma densidade, forçando o Universo a ficar cada vez mais dominado pela energia escura no futuro distante. Isso significa que uma nova época de inflação de baixo nível está a começar outra vez. O físico e padre belga Georges Lemaître foi o primeiro a considerar um tal modelo para o futuro do nosso Universo. À medida que o tempo passa, duas galáxias que podem comunicar hoje em dia afastar-se-ão uma da outra no tecido do espaço-tempo cada vez mais depressa. Por fim, o espaço entre essas duas galáxias expandir-se-á tão depressa que a luz não consegue atravessar a distância sempre crescente entre elas. Formam-se horizontes de eventos. Uma galáxia distante olhará para nós como se estivesse a cair num buraco negro, escondendo de nós para sempre todos os eventos que nela ocorreram em períodos tardios.

Por volta dos 850 mil milhões de anos, altura em que a energia escura domina completamente a expansão do Universo, o Universo arrefecerá para uma temperatura constante, devido a um processo descrito por Gibbons e Hawking. Hawking havia demonstrado anteriormente que os horizontes de eventos criam radiação de Hawking. Os buracos negros têm horizontes de eventos que não nos permitem ver o interior. Isto faz com que a radiação de Hawking seja emitida a partir da sua superfície, o que finalmente faz com que se evaporem. Mas se o Universo continuar a expandir-se de uma maneira acelerada, também se formarão horizontes de eventos, porque há eventos distantes que jamais veremos. Gibbons e Hawking calcularam que num tal Universo em inflação em fase tardia, quaisquer observadores presentes veriam a resultante radiação térmica: a *radiação de Gibbons e Hawking*. Esta radiação térmica, vista no futuro do nosso Universo, teria um característico comprimento de onda de cerca de 22 mil milhões de anos-luz. A radiação CMB continua a aumentar em comprimento de onda enquanto o Universo se expande exponencialmente, duplicando a sua dimensão em cada 12,2 mil milhões de anos. Após 950 mil milhões de anos, a radiação térmica da CMB terá um comprimento de onda característico superior a 22 mil milhões de anos-luz e tornar-se-á negligenciável em comparação com a radiação de Gibbons e Hawking produzida pelos horizontes de eventos. Aqui chegados, deveríamos ver a temperatura do Universo parar de baixar e tornar-se constante numa temperatura de Gibbons e Hawking de cerca de 7×10^{-31} K. O que é muito frio, mas ainda assim acima do zero absoluto.

Em última análise, isto é mau para a vida inteligente, caso exista alguma daqui a 850 mil milhões de anos. Enquanto as outras galáxias fogem de nós e desaparecem atrás de um horizonte de eventos, ficaríamos sozinhos com recursos de energia finitos, presos para sempre num banho de baixa temperatura. As criaturas vivas precisam de energia para viver, mas finalmente acabaríamos por ficar sem energia e entrar em equilíbrio com esse banho térmico. Em princípio, a vida inteligente poderá durar muito tempo se se amontoar em volta dos buracos negros que se evaporam, aquecendo-se e obtendo energia a partir da sua própria radiação de Hawking. No entanto, até os buracos negros mais maciços acabarão por se evaporar finalmente (daqui a cerca de 10^{100} anos), e a vida inteligente acabará por morrer. Portanto, aos 850 mil milhões de anos, quando a radiação de Gibbons e Hawking começar a dominar, a vida inteligente receberá um claro aviso de dificuldades no futuro distante.

Estas ideias podem, na verdade, ser testadas. A radiação de Gibbons e Hawking também é produzida na fase inflacionária primordial do Universo. Isso inclui tanto a radiação eletromagnética (luz) como a radiação gravitacional. Se essa radiação gravitacional do Universo primordial chegar a ser detetada através da marca deixada na polarização da CMB, isso constituiria uma importante verificação experimental do mecanismo da radiação de Hawking. Estas ondas gravitacionais não são feitas de corpos em movimento, como os buracos negros em colisão recentemente detetados pelo *LIGO*; seriam produzidas por algo diferente, o mecanismo de Hawking — um processo quântico. Pelo que seria algo de novo e de excitante.

Eis mais dificuldades para a vida num futuro distante. Aos 10^{14} anos, as estrelas esmorecem à medida que as últimas estrelas de baixa massa esgotam o seu combustível de hidrogénio e morrem. O Universo torna-se escuro. Restam apenas cadáveres estelares — anãs brancas, estrelas de neutrões e buracos negros. Alguns planetas poderão continuar a orbitá-los. Mas aos 10^{17} anos terão ocorrido suficientes encontros entre as estrelas capazes de arrancar os planetas das suas órbitas e de os lançar para o espaço interestelar.

Aos 10^{21} anos, formam-se buracos negros de massa galáctica. As interações gravitacionais entre dois corpos projetam algumas estrelas para fora das galáxias, enquanto as restantes caem no buraco negro central. A radiação gravitacional faz com que as estrelas próximas do buraco negro caiam dentro dele em espiral.

Aos 10^{64} anos (caso tal ainda não tenha acontecido), segundo Hawking, os protões devem decair mediante um raro processo de queda temporária dentro de um buraco negro microscópico (através do princípio da incerteza) e depois fazer com que o buraco negro decaia rapidamente pela radiação de Hawking. Para conservar a carga, um positrão, que é muito mais leve do que um protão, pode ser emitido como um dos produtos da decadência do buraco negro em que o protão desapareceu. À medida que os protões decaem, restam-nos eletrões e positrões como as partículas mais maciças que sobraram. Os protões poderão decair mais cedo do que isto; talvez numa escala temporal de 10^{34} anos, mas independentemente do que acontece então, em qualquer caso, todos eles terão decaído aos 10^{64} anos. Aos 10^{100} anos, os buracos negros de massa galáctica evaporam-se através da radiação de Hawking e desaparecem.

O que acontece depois disso?

A imagem habitual que os físicos têm é que a energia escura, que hoje em dia está a causar a expansão exponencial do Universo, representa um estado de vácuo com uma densidade de energia positiva constante e uma pressão negativa. Tal como discutimos no capítulo anterior, podemos assemelhar a nossa corrente situação à vida num vale que está ligeiramente acima do nível do mar — indicando a nossa altitude a quantidade de energia escura presente no vácuo. Rebolámos até ao fundo desse vale e agora estamos ali sentados. A quantidade de energia no vácuo — a energia escura — não se altera. Isso manterá o Universo a duplicar de dimensão a cada 12,2 mil milhões de anos durante muito tempo.

Se esperarmos tempo suficiente, o nosso estado de vácuo, que causa a energia escura, poderia tunelar quanticamente através das paredes do vale para um estado de energia inferior (um terreno de mais baixa altitude para lá do nosso vale). Isto levaria a que se formasse uma bolha de vácuo de densidade mais baixa algures no nosso Universo visível. A pressão negativa no exterior da bolha seria mais negativa do que a pressão interior, o que puxaria a parede da bolha para fora. Após um curto período de tempo, a parede da bolha estaria a viajar para fora quase à velocidade da luz e expandir-se-ia para sempre. As leis da física seriam diferentes dentro dessa bolha e nós morreríamos quando a parede dessa bolha nos atingisse.

Possivelmente, poderíamos ver bolhas de vácuo de mais baixa densidade formar-se em tão «pouco» como 10^{138} anos devido a uma conhecida instabilidade na energia de vácuo do campo de Higgs. Mas muitos físicos pensam que o vácuo de Higgs será estabilizado por efeitos de energia mais elevada. Nesse caso, de acordo com os cálculos especulativos feitos por Andrei Linde, deveriam começar a formar-se bolhas de vácuo de menor densidade somente após 10^(10^34) anos. Essas bolhas formar-se-iam e, tal como os universos-bolha da Figura 8, jamais se infiltrariam de modo que preenchesse todo o espaço. O estado de vácuo em perene expansão continuaria a duplicar de dimensão em cada 12,2 mil milhões de anos e a ter um volume que aumentaria interminavelmente — um mar em perpétua inflação pontuado pelas bolhas que se formam. Em épocas tardias, o nosso Universo assemelha-se eternamente a um champanhe borbulhante.

Em alternativa, não vivemos de todo num vale, mas numa encosta, e rebolaremos vagarosamente até ao nível do mar. Chama-se a isso *energia escura de cadência lenta* [*slow-roll*]. Tal como Bharat Ratra, Jim Peebles, Zack Slepian, eu próprio e muitos outros temos explorado, isso faria com que a quantidade de energia escura se dissipasse lentamente ao longo de milhares de milhões de anos, acabando derradeiramente por ir parar a um estado de vácuo com densidade de energia zero. Uma tal diminuição já ocorrera anteriormente com a inflação, em que um estado de energia escura de alta densidade decrescera até ao vácuo de baixa energia que vemos hoje. Isso poderia ocorrer outra vez, permitindo-nos finalmente rebolar até ao nível do mar — uma energia de vácuo de zero. Nesse caso, a radiação de Gibbons e Hawking não ocorreria, e em princípio a vida inteligente poderia durar muito mais tempo. Tais cenários podem ser investigados medindo cuidadosamente a história da expansão do Universo até agora. Isso permite-nos, usando as equações de Einstein, medir a relação da pressão com a energia na energia escura atual, a quantidade que definimos como w_0 no Capítulo 7. Caso se verifique que w_0 é exatamente -1, dinamicamente equivalente à constante cosmológica de Einstein, que favorece o cenário do «encurralado no vale», a energia escura permanecerá no seu valor atual, e o Universo continuará para sempre a duplicar de tamanho a cada 12,2 mil milhões de anos, com o tunelamento quântico a produzir derradeiramente bolhas de energia escura de menor densidade em escalas temporais longas. Se w_0 for menos negativo do que -1 (ou seja, entre -1 e 0), porém, poderíamos rebolar vagarosamente até ao nível do mar, e a expansão acelerada podia acabar por dar lugar a um ritmo de expansão aproximadamente linear. Nesse caso, o Universo continuaria a expandir-se para sempre, mas a um ritmo linear: crescendo como 1, 2, 3, 4, 5, 6, ... com o tempo.

Uma proposta radical de Robert Caldwell, Mark Kamionkowski e Nevin Weinberg é que w_0 poderia ser mais negativo do que -1. Este modelo chama-se *energia fantasma*. Ele produziria uma energia de vácuo que *aumentava* com o tempo enquanto o Universo se expandia, levando a uma expansão desenfreada e criando uma singularidade — um estado de curvatura infinita e de infinitas forças gravitacionais — no futuro (um *Big Rip* [Grande Rasgão]) que despedaçaria as galáxias, as estrelas e os planetas porventura já daqui a um bilião de anos. Embora isso continue a ser uma possibilidade, parece menos provável do que os outros dois cenários. Mas muitos físicos levam a «energia fantasma» bastante a sério.

Qual destes três cenários é relevante? Depende do valor de w_0, que é atualmente a relação entre a pressão e a densidade de energia na energia escura. Como referimos, a melhor estimativa de w_0 é, dentro das incertezas, consistente com o simples valor de -1, que corresponde ao modelo em que o Universo está sentado no fundo de um vale. Este resultado apoia fortemente a ideia geral de que a energia escura representa um estado de vácuo com energia positiva e pressão negativa, mas estas observações ainda não conseguem distinguir verdadeiramente entre os modelos em que estamos sentados e quietos no fundo de um vale e aqueles em que estamos a rebolar vagarosamente por uma encosta abaixo (ou acima). Nos últimos casos, w_0 seria próximo de -1, mas não exatamente igual, situando-se ligeiramente acima (ou abaixo) dele. Se futuras medições de alta precisão a w_0 vierem a mostrar que ele é inequivocamente diferente de -1, poderíamos saber se eram favorecidos o retrato da energia escura em cadência lenta ou o da energia fantasma. Mas se, à medida que as medições continuarem a melhorar e as incertezas continuarem a diminuir, nós continuarmos a ser consistentes com $w_0 = -1$, poderemos muito bem declarar, triunfantes, o modelo do «sentado no fundo do vale». Há uma quantidade de programas experimentais propostos, ou já em curso, que potencialmente poderão diminuir as incertezas em w_0 talvez num fator de 10, o que iluminaria melhor o derradeiro destino do nosso Universo.

Dispõem agora das nossas melhores previsões sobre o que o Universo fará no futuro. E quanto ao *nosso* futuro no Universo? O que irá provavelmente acontecer-nos? Como é que a nossa espécie *Homo sapiens* irá dar-se no futuro distante?

Notemos primeiramente que estamos a viver numa época muito... habitável. O Universo é suficientemente antigo e já arrefeceu o suficiente para que o carbono e outros elementos essenciais à vida se tenham formado. E as estrelas estão hoje a brilhar muito bem, proporcionando calor e energia. Exatamente o tipo de época em que poderíamos esperar encontrar observadores inteligentes. Após as estrelas se terem desvanecido, será mais difícil que a vida inteligente surja ou prospere. O *Princípio Antrópico Fraco*, proposto por Robert

Dicke, e que mais tarde ganhou nome e formulação precisa com Brandon Carter, diz que os observadores inteligentes deveriam, evidentemente, esperar encontrar-se em localizações habitáveis — numa época habitável do Universo. Porquê? Porque, logicamente, eles não estariam vivos para fazer essa pergunta numa época *inabitável*.

Sendo nós os únicos observadores inteligentes que encontrámos no Universo até agora, gostaríamos de saber até quando durará o nosso mandato enquanto espécie. Como poderemos pensar nesta questão?

Em 1969, visitei o Muro de Berlim, que separava os dois setores da cidade pertencentes à Alemanha Ocidental e Oriental. Nessa época, as pessoas perguntavam quanto tempo duraria o Muro de Berlim. Algumas pensavam que se tratava de uma aberração temporária e que desapareceria rapidamente. Mas outras pensavam que o Muro iria permanecer como uma característica permanente da Europa moderna.

Para calcular a futura longevidade do Muro, decidi aplicar o Princípio Coperniciano — a ideia de que é provável que a nossa localização não seja especial —, um conceito que já aqui encontrámos. Pensei: eu não sou especial. A minha visita não é especial. Apenas vim à Europa depois da universidade. Estou a visitar o Muro de Berlim só porque estou em Berlim e calhou o muro estar aqui. Eu podia tê-lo visto em qualquer ponto da sua história. Mas se a minha visita não é especial, a minha visita deveria estar localizada em algum ponto aleatório entre o início do muro e o seu fim. O fim chega oficialmente quando o muro acaba ou quando já não há ninguém vivo para o ver, seja o que for que aconteça primeiro. Deveria, portanto, haver uma probabilidade de 50% de eu estar localizado algures a meio da sua existência — nos dois quartos do meio. Se eu estive em visita no início desses 50% do meio, então eu teria estado ¼ do caminho na sua história, com ¾ ainda no futuro. Nesse caso, a longevidade futura do muro seria três vezes a sua longevidade passada. Em contraste, se eu estivesse no final desses 50% do meio, ¾ da sua história já seriam passado e ¼ continuaria no futuro, fazendo com que o seu futuro tivesse $^1/_3$ da extensão do seu passado. Existe uma probabilidade de 50% de que eu estivesse entre esses dois limites e que a longevidade futura do muro tivesse entre $^1/_3$ e três vezes a extensão do seu passado.

Por ocasião dessa minha visita, o muro contava oito aninhos. Enquanto estava ao pé do muro, previ a um amigo, Chuck Allen, que a longevidade futura do muro seria entre 2 $^2/_3$ anos e 24 anos.

Vinte anos depois, eu estava a ver televisão e telefonei ao meu amigo para lhe dizer: «Chuck, lembras-te daquela previsão que eu fiz acerca do Muro de Berlim? Bem, liga o teu televisor, porque o apresentador dos noticiários da NBC, o Tom Brokaw, está em direto junto ao muro e é hoje que ele vem abaixo!» Efetivamente, Chuck lembrava-se da previsão. O Muro de Berlim tinha vindo abaixo, dentro da margem de entre 2 $^2/_3$ anos e 24 anos que eu previra. A minha visita foi no meio da Guerra Fria, pelo que uma bomba atómica o poderia ter levado (bem como a mim) no milissegundo seguinte. Em contraste, alguns muros famosos, como a Grande Muralha da China, duraram milhares de anos. As margens da minha previsão eram bastante estreitas, mas ainda assim deram-me a resposta correta.

Regra geral, os cientistas preferem fazer previsões que tenham 95% de possibilidades de estar corretas. É esse o habitual nível de 95% de confiança que se usa nos artigos académicos. Como é que isto altera o argumento? Quando se aplica o Princípio Copernicano, devemos ter em mente que se a nossa localização no tempo não é especial, existe uma probabilidade de 95% de que estejamos algures nos 95% do meio do período de observabilidade daquilo que estivermos a observar — ou seja, nem nos primeiros 2,5% nem nos últimos 2,5%.

Expresso como uma fração, 2,5% é $^{1}/_{40}$. Se a nossa observação recair no princípio desses 95% do meio — apenas a 2,5% do início —, então $^{1}/_{40}$ da história daquilo que estivermos a observar é passado, e $^{39}/_{40}$ dele permanecem no futuro. Neste caso, o futuro é nove vezes mais extenso do que o passado. Se estivermos apenas a 2,5% do fim, então $^{39}/_{40}$ dele são passado e só restam $^{1}/_{40}$. Portanto:

A longevidade futura daquilo que estivermos a observar será entre $^{1}/_{39}$ da sua longevidade passada e 39 vezes a sua longevidade passada (com 95% de certeza).

Decidi que gostaria de aplicar isto a algo de importante, ao futuro da espécie humana, do *Homo sapiens*. Na sua corrente forma, temos cerca de 200 mil anos. Isto remonta até pouco antes da Eva mitocondrial, em África, da qual todos nós descendemos. A fórmula diria com 95% de confiança que, se a nossa localização na cronologia da história da nossa espécie não é especial, a longevidade futura da nossa espécie *Homo sapiens* deveria ser de pelo menos mais 5100 anos (ou seja, $^{200\,000}/_{39}$), mas inferior a mais 7,8 milhões de anos (ou seja 200 000 × 39). Não dispomos de dados atuariais sobre outras espécies inteligentes (as que são capazes de fazer tais perguntas), pelo que pode dizer-se que isto é o melhor que conseguimos fazer. O alcance da longevidade futura prevista é tão grande quanto isto, porque queremos estar 95% certos de que estamos corretos. No entanto, muitos peritos que oferecem as suas próprias estimativas fazem previsões fora destes limites. Algumas previsões apocalípticas dizem que provavelmente estaremos extintos daqui a menos de cem anos. Ora, se isto fosse verdade, teríamos muito pouca sorte por estarmos situados no próprio final da história humana. Alguns otimistas pensam que iremos colonizar a galáxia e durar biliões de anos. Mas se isso fosse verdade, teríamos muita sorte por estar situados no próprio início da história humana. Portanto, mesmo com os seus amplos limites, a fórmula baseada no Princípio Coperniciano continua a ser altamente informativa, limitando as possibilidades a um âmbito mais estreito do que os que são considerados por muitos outros.

É interessante que a longevidade total da nossa espécie prevista pela fórmula coperniciana concorde notavelmente bem com as efetivas longevidades de outras espécies na Terra. O *Homo erectus*, espécie que é nossa parente, durou 1,6 milhões de anos, e o homem de Neandertal durou apenas cerca de 300 mil anos. As espécies mamíferas têm uma longevidade média de dois milhões de anos, e outras classes de espécies têm longevidades médias de entre um e dez milhões de anos. Até o temível *Tyrannosaurus rex* se extinguiu após ter existido durante apenas 2,5 milhões de anos. Foi eliminado pelo choque de um asteroide há cerca de 65 milhões de anos.

Se recorrêssemos apenas a dados atuariais sobre outras espécies mamíferas para prevermos a nossa longevidade futura, encontraríamos uma longevidade futura de entre 50 600 anos e 7,4 milhões de anos (com 95% de confiança). Estes limites estão dentro daqueles que derivam do Princípio Coperniciano, baseados apenas na nossa longevidade passada enquanto espécie inteligente. Enquanto permanecermos na Terra, estamos sujeitos aos mesmos perigos que levaram outras espécies a extinguir-se, e o facto de andarmos por cá apenas há 200 mil anos deveria preocupar-nos por a nossa inteligência não melhorar necessariamente o nosso destino relativamente a outras espécies.

Agora poderemos pensar: claro, o *Homo sapiens* há de extinguir-se, mas isso não faz mal, porque daremos origem a uma espécie ainda mais inteligente no futuro que virá substituir-nos. Darwin notou, porém, que a maioria das espécies não deixa quaisquer espécies descendentes. Morrem sem deixar prole. Sob este aspeto, notemos que todas as outras espécies da nossa família de hominídeos — incluindo o homem de Neandertal, o *Homo heidelbergensis*, o *Homo erectus*, o *Homo habilis* e o *Australopithecus* — se extinguiram. Nós somos a única espécie hominídea que resta. A família dos roedores, em comparação, tem hoje em dia 1600 espécies vivas e tem muitas possibilidades de sobrevivência. Stephen Jay Gould fez uma afirmação semelhante, dizendo que somos «apenas uma bugiganga» na árvore de Natal da evolução. Também não deveríamos contar com deixar descendentes que sejam máquinas inteligentes. Se a maioria das criaturas inteligentes na história do Universo for composta de máquinas inteligentes, *e* nós não formos especiais, então temos de perguntar a nós próprios: «Porque é que eu não sou uma máquina inteligente?»

Algumas pessoas, como o filósofo de Oxford Nick Bostrom, pensam que poderemos ser criaturas inteligentes simuladas pelo computador de algum humano avançado do futuro. Se a tecnologia dos computadores continuar a avançar exponencialmente, um dia os humanos do futuro poderão fazer simulações hiper-realistas que enganariam os humanos simulados, levando-os a pensar que eram reais. E se tais humanos simulados fossem em quantidade muito superior à dos humanos reais, poderíamos esperar ser um deles, como diz o argumento. No entanto, William Poundstone, no seu livro de 2019 *Doomsday Calculations* [Cálculos do Dia do Juízo Final], explicou porque é que este argumento não é tão forte como parece à primeira vista: é que ele realmente não funciona. Num cenário tão otimista, poderíamos esperar ser um humano simulado. Mas os evos de *futuros* humanos reais que vivessem na época tecnológica avançada de simulações hiper-realistas deveriam ser em quantidade vastamente superior à dos humanos que viveram antes disso. A maioria dos humanos simulados esperaria, portanto, dar por si (tal como a maioria dos humanos reais que estavam a simular) a experimentar a «vida» numa época em que estavam a ser conduzidas essas tais simulações hiper-realistas. Não se faz, é um facto que nos tornaria especiais (ou seja, improvavelmente raros). Por conseguinte, a hipótese da simulação é improvável em terreno coperniciano — em tais cenários, seria improvável que (simulados ou não) nos encontrássemos numa época de simulação pré-hiper-realista porque a maioria das pessoas (simuladas ou não) não dá por si a viver ali.

Por exemplo, as peças teatrais são simulações. Se formos um ator numa peça de teatro, provavelmente iremos atuar numa peça que decorre numa época em que as peças teatrais já existem — ou seja, depois dos antigos Gregos. Do mesmo modo, a maioria dos filmes decorre em épocas em que já existem filmes. Se a hipótese da simulação fosse verdadeira, nós seríamos especiais — uma das relativamente poucas criaturas inteligentes que pensam que vivem numa época antes de serem possíveis as simulações hiper-realistas. David Kipping indicou que a probabilidade de sermos um humano simulado deve ser mais reduzida ainda porque não fazemos ideia se tais simulações hiper-realistas são sequer possíveis ou praticáveis.

Claro que existem certas situações em que a minha fórmula coperniciana não deveria ser usada. Não a usemos num casamento, um minuto após terem sido trocados os votos, para prever que o matrimónio irá terminar daí a apenas 39 minutos. Fomos convidados para o casamento num momento especial, para testemunharmos o seu início, pelo que não somos um observador aleatório. Mas na maioria das vezes *pode* usar-se a fórmula coperniciana. Desde que a minha fórmula foi introduzida, em 1993, já foi testada muitas vezes e previu com êxito as longevidades futuras de tudo, desde peças e musicais da Broadway até governos e reinados de líderes mundiais. Uma outra exceção: não a usemos para calcular a longevidade futura do Universo. Podemos viver num local especial, habitável, porque somos um observador inteligente — a essência daquilo a que se chama o *Princípio Antrópico*. Os observadores inteligentes não estavam presentes no quente Universo primordial e poderão morrer quando as estrelas de sequência principal se apagarem. Mas *entre* observadores inteligentes a nossa localização no espaço-tempo não deveria ser especial. Em geral, a fórmula coperniciana funciona porque entre todos os locais em que os observadores inteligentes podem estar, existem por definição somente alguns locais especiais e muitos locais não-especiais. Além disso, a nossa observação corrente provavelmente não está numa localização especial relativamente a toda a gama de observações feitas por observadores inteligentes. Brandon Carter, que deu fama ao Princípio Antrópico, tal como John Leslie e Holgar Nielson, chegaram independentemente a conclusões semelhantes.

Consegui usar a ideia copernicana, e alguma álgebra sofisticada, para determinar um limite superior à longevidade média das civilizações que transmitam por rádio: 12 mil anos (com 95% de confiança). Se a longevidade média fosse maior do que isso, o meu artigo de 1993 na *Nature* em que anunciava as minhas previsões copernicianas teria aparecido invulgarmente cedo na história da nossa civilização que transmite por rádio, ou invulgarmente cedo nas cronologias de todas as civilizações que transmitem por rádio somadas e classificadas por longevidade. Isto leva-nos a uma estimativa coperniciana que se poderá inserir na equação de Drake: $L_C < 12\,000$ anos (com 95% de confiança). Usámos esta estimativa no Capítulo 4.

Se pensarmos que as espécies inteligentes colonizam tipicamente a sua galáxia, perguntemos a nós mesmos — porque é que eu não sou um colono espacial? Em 1950, Enrico Fermi fez uma célebre pergunta sobre extraterrestres: *Onde é que eles estão?* Porque é que eles não colonizaram já a Terra, há muito tempo? O Princípio Coperniciano oferece uma resposta à pergunta de Fermi: uma fração significativa de todos os observadores inteligentes deve estar ainda sentada nos seus planetas natais (senão seríamos especiais). A colonização não deve ocorrer com tanta frequência. É importante que isto signifique que estamos autorizados a aplicar desde logo a equação de Drake, que calcula o número de civilizações inteligentes que surgem independentemente nos seus planetas natais.

Qual é a probabilidade de os seres humanos virem, em última análise, a colonizar toda a Via Láctea — 1,8 mil milhões de planetas habitáveis, a quantidade que encontrámos no Capítulo 4? O argumento coperniciano diz que, se não somos especiais, existe apenas uma probabilidade em 1,8 mil milhões de virmos a encontrar-nos no primeiro $^{1}/_{1,8}$ milésimo milionésimo de todos os planetas alguma vez habitados por humanos e, por conseguinte, somente uma probabilidade em 1,8 mil milhões de virmos ultimamente a colonizar 1,8 mil milhões de planetas, dado que estamos no primeiro. Não obstante, colonizarmos mais alguns planetas no futuro, começando por Marte, não seria tão improvável e poderia dar-nos mais possibilidades de sobrevivência. Deveríamos fazer isso rapidamente, enquanto ainda temos um programa espacial.

O objetivo do programa de voo espacial humano deveria ser o de melhorar as perspetivas de sobrevivência da nossa espécie colonizando o espaço.

Vamos em seis décadas de programa de voo espacial humano. O Princípio Coperniciano sugere que o financiamento do programa de voo espacial humano tem 50% de probabilidades de durar pelo menos outros sessenta anos — o que é suficiente para estabelecer uma colónia em Marte. Pedir uma tal colónia em Marte não é irrazoável. O meu argumento coperniciano sugere que devíamos fazê-lo depressa antes que o dinheiro para o programa espacial se esgote. Numa entrevista em 2010 ao bigthink.com, Stephen Hawking expôs as coisas deste modo: «A raça humana não devia ter todos os seus ovos num único cesto, nem num único planeta. Esperemos conseguir evitar deixar cair o cesto até que lhe possamos distribuir a carga.»

Elon Musk, que dirige a Space X, está interessado em esforços para colonizar Marte com financiamento privado.

Colonizar Marte daria à nossa espécie duas hipóteses em vez de uma e poderia vir a duplicar as nossas perspetivas de sobrevivência a longo prazo. Seria uma apólice de seguro de vida contra quaisquer catástrofes que pudessem levar a melhor sobre nós aqui na Terra, desde a guerra aos desastres climáticos, aos impactos de asteroides ou às súbitas pandemias fatais. Também poderia duplicar as nossas probabilidades de alguma vez chegarmos a outro sistema estelar. As colónias podem desovar outras colónias. As primeiras palavras faladas na Lua foram proferidas em inglês. Não porque Inglaterra tivesse enviado astronautas para a Lua, mas porque fundara uma colónia na América do Norte que o fez.

Se olharmos em redor, podemos ver que o Universo nos mostra o que deveríamos fazer. Vivemos num minúsculo ponto de um vasto Universo. O Universo diz-nos: espalhai-vos e aumentai o vosso *habitat* para melhorardes as vossas perspetivas de sobrevivência. Vivemos num planeta repleto de ossadas de espécies extintas, e a idade da nossa espécie é minúscula relativamente à do Universo como um todo. Deveríamos espalhar-nos antes de morrermos. Temos um programa espacial com pouco mais de meio século de idade que é capaz de nos enviar para outros planetas. Devíamos fazer o uso mais sagaz possível dele antes que desapareça. Iremos aventurar-nos lá fora ou vamos virar as costas ao Universo? O facto de estarmos a ter esta conversa na Terra é um aviso de que há uma possibilidade significativa de virmos a acabar encurralados por cá.

A nossa inteligência dá-nos grande potencial, o potencial de colonizarmos a galáxia e de nos tornarmos uma supercivilização, mas a maioria das espécies inteligentes não deve ter sido capaz de o conseguir — senão seríamos especiais por ainda sermos membros de uma espécie com um único planeta. As fontes de energia que controlamos são muito menos poderosas do que o nosso próprio Sol. Somos fracos. E não andamos por aqui há muito tempo. Mas somos criaturas inteligentes e aprendemos muito sobre o Universo e as leis que o governam — há quanto tempo começou, como se formaram as suas galáxias e planetas.

Um feito espantoso, cuja história aqui contámos.

AGRADECIMENTOS

Este livro tornou-se realidade graças ao trabalho árduo de muitas pessoas. Para começar, agradecemos aos nossos colegas de faculdade na Universidade de Princeton, com os quais aprendemos tanto ao longo dos anos e que nos ofereceram uma atmosfera tão produtiva e agradável para trabalhar. Agradecemos especialmente à professora Neta Bahcall.

Agradecemos aos nossos estudantes, incluindo Cullen Blake, Wes Colley, Julie Comerford, Daniel Grin, Yeong-Shang Loh, Justin Schafer, Joshua Schroeder, Zack Slepian, Iskra Strateva e Michael Vogeley. Agradecemos a Ramin Ashraf, Sorat Tungkasiri, Paula Brett, Sofia Kirhakos Strauss (mulher de Michael) e Kathy Gryzeski, pelo auxílio que nos deram, bem como a Lucy Pollard-Gott (mulher de Rich), que efetuou a revisão de todo o livro. Agradecemos a Robert J. Vanderbei e a Li-Xin Li, pela ajuda com os gráficos. Também agradecemos a Adam Burrows, Chris Chyba, Matias Zaldarriaga, Robert J. Vanderbei e Don Page, pelas conversas úteis.

Na Princeton University Press, agradecemos ao nosso editor de produção, Mark Bellis, à nossa revisora, Kathleen Kageff, e, pela sua extraordinária fé e visão, à nossa editora, Ingrid Gnerlich.

Agradecemos às nossas mulheres, filhos e netos o seu amor.

Michael A. Strauss

Neil deGrasse Tyson

J. Richard Gott